IQ, EQ를 높이는 먹거리
- 202가지 식생활

IQ, EQ를 높이는 먹거리
-202가지 식생활

김중만

미래문화사

책 머리에

초·중·고등학교 시절은 일생에 있어서 육체적으로나 정신적으로 가장 중요한 성장기이다. 이때의 식생활 패턴은 지금의 청소년들이 성인이 되었을 때 그들의 건강에 중요한 바탕이 된다. 그런데 요즈음 청소년들은 마치 공부하는 기계와 다름없는 생활을 면치 못하고 있다. 그리고 과식이나 편식 등에서 오는 영양 불균형 문제와 아울러 각종 유해식품 등 좋지 않은 환경에 대한 노출이 과거 어느 때보다 심각한 상태에 있어 문제가 아닐 수 없다.

더욱이 청소년들은 각종 선전 매체를 통해 혼란스런 상업적 선전에 현혹되기 쉽고, 외식을 자주 할 수밖에 없는 분위기, 즉 위생적 사각지대라고 할 수 있는 등하교길에 즐비하게 늘어서 있는 거리식품을 쉽게 섭취할 수밖에 없는 환경에 있다. 게다가 일부 주부들의 편의주의적인 식생활로 가공식품의 섭취가 날로 증가되고 있다. 또 잘못된 음주문화와 흡연 환경 등 많은 위해 요소에 노출되어 있어, 이러한 좋지 않은 환경을 멀리할 예방적 지식과 보호 노력이 사회적으로 크게 요구되고 있다.

그러나 현실적으로도 어른들이 읽을 수 있는 식생활 지침서는 매우 많으나 우리 청소년들이 쉽게 읽을 만한 서적은 아직 없는 실정이다. 필자는 이러한 현실을 안타깝게 생각한 나머지 천학비재함에도 용기를 내어 이 책을 집필하였다.

이 책은 《나와 가족을 위한 먹거리 팡세》와 《올바른 식생활을 위한 먹거리 팡세》에 이어서 《IQ, EQ를 높이는 먹거리》라는 제목으로 세 번째의 읽을 거리를 제공하는 셈이다. 즉 수험생을 위한 먹거리 팡세(FOOD PENSÉES)라고도 할 수 있다.

필자는 청소년들이 틈틈이 읽는 데에 부담이 되지 않도록 짧은 문장으로 작성하느라 신중을 기했다. 특히 수험생을 둔 어머니의 식단 작성 요령을 비롯하여 교사들이 수험생들의 건강 지도에 빼놓을 수 없는 상식적인 내용들을 모아 놓았다.

아무쪼록 이 책이 우리의 미래인 청소년들의 건강관리에, 그리고 수험생들의 학습능력 향상에 도움이 된다면 더 큰 보람이 없겠다.

끝으로 이 책이 발간되기까지 이모저모로 도와주신 미래문화사 임종대 사장님께 감사드리며 자료 정리에 수고한 김형욱 군과 성태우 군 그리고 딸 형연에게 진심으로 고맙게 생각한다.

1999년 여름에
김중만

8

9

12

1

식품은 제2의 모유

인간의 몸에서는 필요로 하는 영양소를 독자적으로 생산해 내지 못하므로 그러한 영양소를 여러 가지 식품을 섭취함으로써 얻게 된다.

어머니의 뱃속에 있는 태아는 필요한 영양소를 어머니가 음식을 섭취하여 소화 흡수한 것을 탯줄을 통해서 흡수한다. 그러나 태아기를 지나 분만 후에는 당분간 모유를 먹다가 치아가 나고 소화력이 생기는 이유식 단계에서는 자연에서 얻어진 식품을 직접 소화하여 섭취하게 된다.

이러한 의미에서 이 단계의 먹거리를 제2의 모유라고 볼 수 있는데, 이때가 바로 사람이 직접 땅과 물과 교감하게 되는 의미 있는 성장 단계이다.

태아기에는 어머니의 체내에서 유해한 물질이 거의 제거된 상태에서 영양소만을 섭취하게 되나 이유식 단계를 거친 후에는 자력으로 음식을 섭취, 소화하게 되면서 아울러 해독력도 갖추게 된다.

이러한 독립적 영양 섭취 단계에서는 땅에서 얻는 곡물이나 채소, 열매, 뿌리 등과 바다에서 얻어지는 각종 해초와 생선, 조개류 및 가축으로부터 얻는 고기와 달걀, 우유 등 다양한 종류의 먹거리를 직접 먹게 된다.

이렇게 먹거리가 다양한 환경 상태의 토양과 수중에서 얻어지는데, 이때 우리가 먹고 있는 먹거리 중에는 위생적으로 문제가

될 수 있는 성분이 들어 있을 수도 있고 영양적으로 균형이 맞
지 않는 식품도 있을 수 있다.

따라서 개인의 건강은 제2의 모유인 먹거리의 선택에 의해서
좌우되며 수명과 정서 및 컨디션에 영향을 미치게 됨을 알 수
있다.

2
•

뇌의 활동을 돕는 먹거리

변화하는 모든 분자와 물체는 일정량의 에너지가 필요하다. 예
를 들어 거리를 달리고 있는 오토바이와 자동차, 바다를 항해하
는 선박, 하늘을 날으는 비행기 등이다. 그리고 사람의 모든 활
동에도 제각기 일정량의 에너지가 필요한데 사람에겐 하루에 약
2,000칼로리의 에너지가 필요하다.

사람은 기계와는 다른 면이 있어 기계는 작동을 할 때만 에너
지가 필요하지만 사람은 활동을 하지 않을 때도 에너지가 필요
하다.

사람은 생명을 유지하는데 관계가 있는 기초대사, 즉 잠을 자
거나 쉴 때도 심장이나 위, 신장 등이 활동의 유무와는 관계없
이 생리적 고유 기능을 발휘하기 때문에 주야를 가리지 않고 에
너지가 필요한 것이다.

사람은 활동 유무에 관계없이 활동에 필요한 에너지 외에 성
장과 각 기관의 기능 유지에 필요한 구성소와 조절소가 되는 영
양소를 섭취할 필요가 있는데 이러한 필요를 충족시키기 위해서
는 먹는 행동, 즉 식사를 빼놓을 수 없다.

3
•

하루에 3식을 하는 이유

사람들은 별일이 없는 한 건강을 유지하고 성장과 활동을 위해서 하루 세 끼의 식사를 하게 된다. 그런데 바쁜 세상을 살다 보니 사람들 중에는 한 끼만 먹고 지낼 수는 없을까 하고 생각하는 사람도 있다. 그러나 정상적인 활동을 하는 경우 충분한 영양을 섭취하기 위해서는 세 끼의 식사가 필수적이다.

왜냐하면 사람의 위의 크기에는 한계가 있어서 하루에 필요한 식사를 한번에 다 먹을 수가 없기 때문이다. 그런 이유로 인간은 무리 없는 식사 횟수로 자연스럽게 고정이 되어 대개 하루에 아침밥과 점심밥, 저녁밥 세 끼를 규칙적으로 먹으며 살아왔다.

그래서 세계 대부분의 지역에서 세 끼 식사는 종교적인 절식, 체중을 줄이기 위해 다이어트하는 사람 등 특별한 경우를 제외하고는 오랫동안 지켜오고 있는 식습관이 되었다.

그 결과 우리 신체는 오랫동안 하루 세 끼 식사를 하면서 살아가는데 모든 신체대사가 조화적으로 고정되어 있다고 할 수 있다.

우리가 정상적으로 하루에 3식을 한다면 1년에 1,095끼의 식사를 하게 된다. 그리고 한 해에 먹는 1,095끼의 식사는 우리 신체의 성장과 활동, 건강 유지, 각종 크고 작은 활동은 물론 학습능력 향상에 중요한 영향을 미치는 요인이 된다. 이 한 끼 식사야말로 마치 일년짜리 건강(건물)을 유지하는 건강 벽돌이라고 할 수 있다.

그런데 우리 주변에는 다이어트를 하기 위해 끼니를 거르는 청소년들이나 늦잠으로 아침을 자주 거르는 청소년들 또는 주부의 게으름으로 하루 두 끼 식사를 하는 청소년들이 많은데, 이러한 경우에는 생기(生氣) 부족이라는 문제가 생기기 쉽다.

청소년기는 일생에서 다량의 에너지와 균형적인 영양소 섭취가 필요한 시기이므로 끼니를 굶게 되면 그날의 활력과 컨디션이 크게 약화된다. 이는 지금까지 조상대대로 내려오던 일일 삼식의 식습관 리듬에 이상이 일어나기 때문이다.

한 끼를 굶을 경우엔 마치 달리는 차에 기름을 3분의 1 정도 적게 공급하는 것과 다름없다. 그러나 사람이 먹던 식사를 한 끼 정도쯤 먹지 않는다고 활동이 바로 중단되는 것은 아니다. 그것은 인간이 음식을 먹지 않아 영양소 흡수가 중단되어도 간과 근육에 저장되어 있는 예비 영양소를 꺼내 쓸 수 있기 때문이다.

그러나 에너지가 부족되고 저장된 에너지가 많이 소비되면 여러 장기의 기능이 약화된다. 특히 공부하는 청소년들의 경우엔 의욕이 떨어지고 뇌의 기억 능력이 현저히 떨어지게 된다.

따라서 수험 준비를 하고 있는 청소년은 적당량의 하루 세 끼 식사를 규칙적으로 하는 것이 최상의 보약이며 강인한 학습 의욕을 유지하는 비결이 된다.

4

사람은 생기로 살아간다

사람은 기(氣) 없이는 살아갈 수가 없다. 여기서 말하는 기는 단순한 기가 아닌 생기(生氣, bioenergy)를 가리킨다. 우리는 태아 적부터 죽을 때까지 이 생기로 생명을 유지하고 활동하게 된다.

사람은 약 60조 개의 세포로 되어 있는데 이들 세포 하나하나가 정상적인 기능을 발휘하기 위해서는 생기가 절대적으로 필요하고 또 인간이 생명을 유지하는 데 없어서는 안되는 요소이다. 어떤 원인에 의해서 이 생기의 공급 루트가 막히거나 약하게 되면 건강하게 살 수가 없고 또 중단되면 죽고 만다.

일상생활을 하다 보면 기와 관련된 말을 듣기도 하고 직접 하기도 한다. 즉 기분이 좋다 나쁘다, 원기가 있다 없다, 기색이 좋다 좋지 않다, 기가 있다 없다, 기운이 있다 없다, 기가 막힌다, 기차다, 군기가 있다 없다, 용기가 있다 없다, 패기가 있다 없다, 감기에 걸리다, 양기가 좋아 보인다 등 참으로 많다. 이러한 것들은 모두 사람의 건강 정도와 활동성을 말한다.

그럼 이러한 생기는 어디에서 오는 것일까?

이 생기는 태아기나 유아기에는 어머니로부터 공급받지만 유아기를 지나 이유기부터 일생을 마칠 때까지는 광합성으로 생성된 농산물로부터 만들어진 갖가지 음식을 통해서 얻게 된다.

생기가 들어 있는 먹거리가 누구에게나 일생 동안 넉넉하게 공급되는 것은 아니다. 때로는 흉년이 들어 또는 어떤 사정으로 먹거리를 손에 넣지 못하는 경우도 있어 건강이나 생명 유지에 문제가 생기는 지역이 많다.

5

생기는 공기인 천기가 있어야

식사를 통해 섭취된 음식물은 소화 과정을 거쳐 세포 속으로 들어와 호흡을 통해 들어오는 공기(空氣)에 의해 산화되어야 비로소 생기로 전환된다. 이 공기는 우리가 살고 있는 지구를 둘러싸고 있는 대기권에서 얻어지고 있어 천기(天氣)라고 한다.

이 천기는 반복된 호흡작용에 의해 무의식중에 공급되지만 알고 보면 생명을 유지하는 데 가장 중요한 것이다. 사람이 정상적인 활동을 위해서는 하루에 1기압 상태에서 2,000~3,000리터의 공기가 필요하다. 그러므로 어떤 사정에 의해 수분 동안 공기의 공급이 중단되면 사람은 곧 죽고 만다.

자동차와 같은 내연기관은 석유와 공기가 필요한 것이 사람과 비슷하다. 그런데 자동차는 가솔린의 공급이 중단되면 기능이 중단되었다가 공급되면 다시 작동되지만, 사람은 생기와 공기의 공급 중단 상태가 한계를 넘으면 사망하게 된다.

따라서 식사를 통한 생기와 호흡에 필요한 공기 중 어느 하나만 부족하게 되어도 건강과 컨디션에 문제가 생기게 된다. 그러므로 대기로부터 적당히 천기를 공급받고 땅으로부터 생기를 공급받아 이 두 가지가 조화를 이룰 때 우리의 생명은 지속될 수 있다.

6
•

생기의 과다는 체중 증가를 불러올 수도

생기(生氣)의 필요량은 사람에 따라서 다르나 일반적으로 약 2,000칼로리 정도가 필요하다고 보면 된다. 따라서 건강한 삶을 위해서는 적당량의 생기를 꾸준히 섭취하는 노력이 필요하다. 그러나 식사량이 너무 많다거나 고칼로리 식품을 습관적으로 많이 먹게 되면 남아도는 이 생기는 체중 증가로 나타난다.

생기를 내는 물질은 영양소만이 아니다. 술 속에 든 에틸알코올도 에너지를 내는데 알코올은 탄수화물보다 칼로리가 많이 발생한다.

즉 탄수화물 1g은 4Cal를 발생하고 에틸알코올 1g은 7Cal를 발생하여 술을 많이 마시면 에너지가 적량을 넘을 수 있다. 그리고 술에 의한 취기(醉氣)가 때로는 객기(客氣)를 부리거나 없던 말의 힘이 생겨 수다스럽게 되기도 하고 심하면 이성을 잃어 사람과 사회에 폐를 끼치는 경우도 있다.

7
•

생기는 땅으로부터

땅은 만물의 근원이자 우리의 모든 먹거리의 근원이다. 또 인간의 간접적인 모체이기도 하다.

땅으로부터 얻어지는 여러 가지 먹거리에는 각기 다른 정도의 영양소와 생기(生氣)가 들어 있다.

그리고 인간이 살아가는 데 없어서는 안되는 탄수화물, 지방, 단백질, 무기질, 비타민을 가리켜 5대 영양소라고 하는데, 이들 영양소는 여러 가지 식물성 식품과 동물성 식품에 들어 있다.

식물성 먹거리는 산과 들 그리고 바다에서도 비교적 쉽게 얻을 수 있으나 우리가 먹고 있는 먹거리는 대개 농사를 지어서 얻는 농산물을 대상으로 하는 경우가 많다. 그리고 동물성 먹거리는 소와 돼지, 닭 등과 같은 가축으로부터 얻는데 이들 가축은 결국 작물을 생산해서 얻은 농산물이나 자연에서 얻어진 식물을 사료로 해서 사육, 생산되므로 동물성 먹거리 역시 땅에서 비롯된다고 할 수 있다.

인간이 필요로 하고 가축 또한 필요로 하는 식물성 먹거리는 태양의 빛에너지를 이용해서 공기 중의 탄산가스와 땅 속에 있는 무기물을 결합하여 여러 가지 식물체에서 만들어지고 있다. 이러한 과정을 통틀어 탄소동화작용 또는 광합성이라고 한다. 이 광합성 반응은 우리 인간의 생명선을 유지해 주는 중요한 자연반응이다.

광합성은 바로 태양의 빛에너지를 인간에게 필요한 화학에너지로 바꾸어 주는 의미 있는 자연현상으로 엽록소가 있는 식물체에서만 일어나는 화학반응이다.

그러므로 농업은 엽록소가 들어 있는 식물체로 하여금 태양의 빛에너지를 많이 함유시키는 과정에 불과하다. 그래서 '풍년이 들었다'는 말은 태양의 빛에너지를 농산물 형태로 많이 가지게 되었다는 것을 뜻한다.

그러므로 식량 부족을 해결하기 위해서는 1차적으로 단위 면적당 탄소동화작용을 효율적으로 일으키는 노력이 필요하다. 이러한 탄소동화작용의 결과 산물인 식량작물의 영양적인 질과 위생적인 질은 토양의 성분과 오염 정도를 반영하게 된다. 따라서 위생적이고 영양이 풍부한 먹거리를 얻어 건강한 삶을 살면서 후대에게 물려줄 농토를 소중히 보존하는 노력이야말로 이 시대에 우리가 해야 할 과제요 지고선(至高善)이다.

8

식사량은 적당히

  하루 세 끼의 식사는 청소년의 건강 유지와 정상적 수업활동
을 위한 중요한 행위이다. 그리고 식사의 간격 못지 않게 식사
량도 중요하다.

  필요한 영양소를 공급하는 의미 있는 행위인 식사가 식욕을
억제하지 못하여 자칫 과식하게 되면 건강과 컨디션 유지에 역
효과를 낼 수 있다.

  과식을 하게 되면 우선 위가 무거워짐으로써 소화불량이 되어
복통이 생기며 숨이 찰 수도 있고 식곤증(食困症)이 생겨 머리가
맑지 못하게 된다. 특히 육류를 과식하면 장내에 머무는 시간이
길어 방귀가 자주 나오고 몸이 나른해지며 비만의 원인이 되기
도 한다. 그러므로 적량의 식사를 하는 것이 학습 능률을 높이
고 운동 기록 갱신에도 좋다.

  공부를 하는 청소년의 식사량은 일률적으로 말하기 어려우나
자기 식사량의 80~90% 정도가 좋고 성인은 70% 정도가 바람직
하다. 그리고 지방이 많이 함유된 고기를 먹을 때는 다른 음식,
특히 밥을 적게 먹는 것이 육체와 두뇌활동에 좋다.

  따라서 음식을 적당량 먹으면 대부분의 영양소가 이용되지만
과식하게 되면 영양소가 찌꺼기로 낭비되고 독이 될 수 있다.
이는 우리 조상들이 생활 신조로 여겨 오던 '지나치면 부족함만
못하다'는 과유불급(過猶不及)을 식생활에서도 유념할 필요가 있
다는 것을 말해 준다.

9
•
간식의 양면성

간식은 식간에 먹는 음식을 말한다. 이것은 자신이 필요해서 하는 경우도 있지만 남이 권해서 하게 되는 경우도 있다.

간식을 적절히 하면 기분전환, 친교 매개체로, 시장기 해소, 부족될 수 있는 영양을 보충하는 등의 긍정적인 효과를 얻을 수 있다. 그런데 적절치 못하면 해가 된다.

간식을 잘못하게 되면 다음 식사를 맛있게 할 수 없게 되고 비만의 원인이 될 수 있다. 따라서 간식은 맛과 기분전환에 효과를 낼 수 있으면서도 칼로리가 적은 것을 택하는 것이 좋다.

간식으로는 과일 한두 개나 간단한 스낵 몇 조각 또는 우유나 주스 한 컵 정도가 좋을 듯하다. 그러나 빵이나 핫도그, 피자, 아이스크림, 커피(프림, 설탕을 넣은 것)는 피하는 게 좋다. 왜냐하면 이들 식품 중에는 열량을 많이 내는 지방이 다량 들어 있고 각종 유해 첨가물이 함유되어 있을 가능성이 있기 때문이다.

청소년들의 생활 주변에는 이용하기 쉬운 각종 자동판매기(vending machine)와 거리 식품점 등이 있어 습관적으로 간식을 하게 되는 경우가 많아 그 결과 비만으로 되기 쉽다. 또한 무리하게 외식을 할 뿐만 아니라 집에서도 습관적으로 많이 해서 그날의 공부를 망치는 경우를 적지 않게 볼 수 있다.

따라서 수학능력 향상을 위하려면 간식의 횟수나 양을 줄이고 적당량의 세 끼 식사를 규칙적으로 하여 끼니 전에 허기지지 않도록 함으로써 군것질에 대한 예방적 식습관을 가지는 것이 좋다. 덧붙여 말하면 어머니가 챙겨 주는 간식은 사랑의 메시지요 기분전환의 매체이지만 이 또한 간식의 시간과 양이 적절치 못하면 공부하는 사람에게는 역효과가 날 수 있다.

10
·

학습능력을 향상시키는 자연식품

가공식품은 식량을 장기간 보존하고 조리나 취급이 용이하며, 식량의 계절적·지역적 편재를 해소하고 식량 낭비도 줄일 수 있다. 또 가공식품은 등산, 항해나 우주여행 및 군대의 이동 등 인간의 활동 반경을 넓히는 데는 상당히 유용한 식품 형태이다.

반면에 고온 처리 과정에서 영양소가 파괴되거나 각종 유해 물질을 비롯하여 환경호르몬과 같은 해로운 물질이 혼입되어 있을 수 있다. 또 가공식품에는 상품화를 위해서 각종 색소나 방부제를 첨가하고 가공의 특성 개선을 위해 개량제를 사용하는 등 첨가물을 사용하는 경우가 있어서 위생적으로 좋지 않은 면이 있다.

식품의 상업적 생산은 이윤이 목적이기 때문에 썩거나 변질을 막기 위한 방부제의 사용이나 값싼 원료 사용, 시각적 효과를 위한 색소 사용, 맛을 강화하기 위한 각종 조미료의 과다 사용 등 첨가물의 오용, 과용 및 불법 사용이 자행되는 경우가 많으므로 의심하지 않을 수 없다.

그러므로 가공식품인 소시지나 햄, 베이컨을 먹는 것보다는 돼지고기를 물로 조리해서 편육이나 찌개로 먹는 것이 좋고, 감자를 프렌치 프라이 형태로 먹는 것보다는 쪄서 먹는 것이 위생적이다. 그리고 기름에 프라이한 달걀보다는 찐 계란을, 과일을 통조림으로 먹는 것보다는 신선한 과일을 그대로 먹는 것이 소화 흡수에 좋다.

다시 말해서 가공식품보다는 위생적으로 안전하면서도 자연성이 풍부한 식품을 섭취하는 것이 건강 유지와 학습능력 향상에 도움이 된다는 것이다.

11
·

거리식품보다 어머니가 만든 음식을

귀가길에 즐비하게 늘어서 있는 거리식품(road foods)은 에너지 소모가 많은 청소년들에게 대단한 유혹의 구심력을 갖게 한다. 더욱이 적은 돈으로 손쉽게 사서 시장기를 메울 수 있어서 편리한 먹거리이긴 하지만 위생적으로 매우 위험한 요소가 많다.

우선 문제점으로 그릇이나 재료를 씻을 물의 확보가 곤란하여 불결한 조리 기구나 용기를 사용한다는 것이다. 그리고 식품 보관이나 취급이 개방적이라서 먼지나 파리 같은 곤충에 의해 위생도가 떨어지기 쉽다. 게다가 냉장·냉동 시설이 미비하여 식중독이나 미생물의 오염 밀도가 높을 가능성도 배제할 수 없다.

뿐만 아니라 거리식품은 기름으로 튀긴 것들이 많아 칼로리 과다 섭취가 되기 쉽고, 오래 사용한 기름을 재사용해서 만든 튀김이 많아 유해한 과산화물과 암을 일으킬 수 있는 환상(環狀) 아민이 다량 들어 있는 기름을 먹게 되어 건강에 무척 해롭다. 또한 해삼이나 멍게, 조개 같은 날생선도 매우 위험하므로 먹지 않는 것이 좋다. 그 외에 귀가 중에 거리식품을 먹고 나면 집에 돌아와서는 정작 질이 좋은 식사를 거르거나 적게 먹게 되는 원인이 되므로 영양적 불균형을 초래할 수 있다.

거리식품으로는 생선묵과 핫도그, 김밥, 햄버거, 도넛, 붕어빵, 떡볶이와 생선회 등 여러 가지가 있으며 기름으로 튀긴 빈대떡과 고구마, 감자, 튀김닭 등도 많다.

어쩔 수 없이 거리식품을 먹어야 할 경우엔 위생적으로 안전하고 기름이 적게 든 붕어빵이나 호도과자, 센비 등이 괜찮을 것 같다. 그러나 거리식품은 현재 어느 누구도 위생적 안전도를 자신할 수 있는 먹거리가 아니라는 것을 알아야 한다.

일순간의 잘못된 선택으로 며칠을 고생하거나 심하면 병원 신세를 지게 되어 시간 낭비는 물론 치료비 지출로 어려움을 겪는 사례가 많으므로 거리식품은 잘 먹어야 본전이고 자칫하면 식중독을 면치 못한다는 것을 명심할 필요가 있다.

아울러 우리 사회도 국민의 건강보호를 위해 거리식품, 특히 청소년들의 등하교길에 노출되기 쉬운 거리식품에 대한 위생 수준을 높이는 데 신경을 써야겠다.

거리식품에 의한 위생적 사고의 책임은 선택한 자의 불행일 뿐 책임 소재가 불분명한 나 몰라라 식품이다.

식사는 그날의 컨디션을 좌우

공부를 하느라 두뇌활동이 많은 청소년들에게 있어서 무엇보다 중요한 것은 그날그날 좋은 컨디션을 유지하는 것이다. 공부를 잘 하려면 예습과 복습은 물론 집중력과 학습 의욕이 중요하다. 그런데 이러한 것들은 바로 그날의 컨디션에 의해 영향을 받게 됨을 알아야 한다.

컨디션은 생활 분위기나 심리적 요인에 의해서 영향을 많이 받는데 식사에 의한 영향도 무시할 수 없다.

즉 평소보다 과식을 하게 되면 소화불량으로 복통이 있을 수 있고, 자주 먹지 않던 음식을 먹고 나서 머리가 아프다거나 두드러기가 난다거나 소화가 잘 안 되는 식사를 함으로써 위가 무겁고 머리가 아프게 되는 경우를 당해 보았을 것이다. 또 위생적으로 질이 안 좋은 식사를 해서 식중독을 일으키면 토하거나 두통이나 복통이 생기게 된다.

이러한 상황이 되면 아무리 공부를 잘해 보려는 의욕이 있어도 집중력이 떨어져 그날 하루의 공부를 망치고 만다. 이런 일이 시험 보는 날, 특히 수능시험 날에 발생한다면 이것은 공든 탑이 무너지는 격이 된다.

우리의 몸은 정신과 일원적 관계에 있기 때문에 배가 아프면 머리도 말을 안 듣게 되어 있다. 따라서 컨디션에 좋은 식사란 위생적으로 안전하며, 소화에 무리가 없고 여러 가지 식품을 선택해서 균형잡힌 식사를 식량(食量)의 80~90% 정도만 먹는 것이라고 할 수 있다. 그리고 식사의 질과 양, 식사 간격 등을 규칙적으로 잘 지키는 사람은 건강과 아울러 수학능력에도 큰 보탬이 됨을 명심하자.

13
•

비만은 건강의 적신호

절대빈곤 시절인 1960년대까지만 해도 못 먹어서 말라빠진 몸매가 일반적이었기 때문에 몸이 살쪄 보이면 부덕(富德)이 있는 사람으로 선망의 대상이 되었었으나, 포식의 시대에 접어들면서 비만은 하나의 사회적 문제로 대두되고 있다.

비만이란 정상 체중보다 체중이 많은 상태를 말한다. 이렇게 비만한 사람은 여러 가지 문제를 낳는데 활동이 느리거나 옷을 입어도 맵시가 안 나고, 각종 질병 즉 성인병이라고 하는 고혈압, 뇌졸중(중풍), 심근경색, 당뇨병, 동맥경화 등 비감염성 질병에 걸릴 가능성이 높다.

서구사회에서는 비만인 사람의 경우 사회적으로 배척당해 정상적인 사회생활에 제한을 받고 있는 경우가 비일비재하다.

또 비만 상태의 어린이 중에는 고추가 숨어 보이지 않아(음경 함몰) 목욕탕에서 시선을 끌기도 한다. 그리고 살이 많이 찌면 찔수록 자연히 혈관의 길이가 길어지는데, 이때 생긴 혈관은 모세혈관으로 긴 모세혈관까지 피를 보내려니 자연히 혈압이 높아지게 되는 문제가 생긴다.

비만 체형인 사람들의 공통점은 대개 음식을 빨리 먹고 많이 먹으며 잠이 많은 반면 활동량은 적은 생활 패턴을 가지고 있다. 이들은 행동이 느릿하여 둔하게 보일 뿐 아니라 혈관이 깨끗하지 못해 뇌에 산소 공급이나 영양 공급이 나빠져 학습 능력도 떨어진다.

따라서 청소년기의 비만은 학습능력 유지에 큰 문제가 될 수 있고 성인 비만과 연결될 가능성이 높기 때문에 청소년기에는 과체중이나 비만 예방을 위한 노력이 꼭 필요하다.

14

비만의 원인

비만(obesty)은 대개 우리의 신체 조직 중에 지방 세포가 증가하기 때문에 생기는 체중과다 현상이다. 비만의 주요 원인은 운동부족과 과식에 있다. 이 두 가지가 원인이 되어 식사나 간식을 통해서 섭취한 에너지량이 활동이나 운동을 통해서 소비한 에너지량보다 많기 때문이다.

에너지가 남게 되면 활동에 쓰여질 에너지가 지방으로 전환되어 근육 중에 끼어 몸이 비대해진다. 이 지방은 신체 부위 중 운동이 적은 배와 엉덩이에 주로 집중되어 과체중인 사람은 예외없이 배와 엉덩이가 불룩하게 된다.

비만이냐 아니냐는 키와 체중을 고려해서 말할 수 있는데, 가장 널리 쓰이고 있는 기준은 자기 신장에서 100을 빼고 0.9를 곱한 것이 표준체중이다. 이것은 키가 160cm인 사람인 경우이고 그 이상인 사람은 109를 뺀다. 그래서 표준체중보다 ±10% 범위이면 정상이고 20%를 넘으면 비만이라고 한다.

비만의 직접적인 원인은 식사량이 많은 것인데 실질적으로는 식품의 열량값이 중요하다. 그래서 같은 양을 먹더라도 과채류나 곡식보다 지방이 많이 든 튀김이나 육류, 즉 에너지 밀도가 높은 식품이 비만을 초래하게 된다.

우리의 식생활 패턴이 갈수록 서구화·편이화되고 있는데, 이런 식생활의 변화도 비만도를 높이고 비만 인구를 증가시키는 원인이 되고 있다.

과거에는 주로 물로 조리한 찐 고구마나 감자, 칼국수, 찐빵, 떡 등을 먹어 왔으나 요즈음에는 에너지 밀도가 탄수화물의 2.9배나 되는 기름으로 튀긴 감자튀김이나 고구마튀김, 라면, 케잌이나 도넛 등을 먹게 되고, 잦은 외식으로 인한 포식과 육류 소비의 증가로 지방 섭취량이 증가하고 있는 실정이다.

모든 결과에는 원인이 있는 법이다. 비만은 자기가 먹는 양을 절제하지 못한 데서 오므로 먹는 양을 조절하는 의지가 약하면 비만은 물론 매사에 절제력이 약한 성격이 되기 쉽다. 따라서 비만은 인과응보적 결과로 식사량의 절제나 먹거리 선택의 지혜를 발휘하지 못한 데 있다고 할 수 있다.

15

비만 예방법

　비만의 원인은 선천적인 것도 있지만 가장 중요한 것은 많이 먹고 적게 활동하는 생활습관에서 오는 후천적인 문제가 더 크다. 비만은 선진국에서 이미 큰 사회적 공적(public enemy)으로 되어 있으므로 식생활의 서구화를 추구하는 우리도 이를 타산지석(他山之石)의 교훈으로 삼아야 할 것이다.

　비만을 예방하고 치료하기 위한 방법이 많이 회자(膾炙)되고 있는데, 그것들을 종합해 보면 다음과 같다.

　저녁밥은 일찍 먹고 간식은 가급적 피하고 잠은 늦게 잔다. 식기는 작은 것을 사용하고 음식은 천천히 먹되 먹고 싶은 양보다 20~30% 적게 먹는다. 그리고 밥을 먹기 전에 물을 한 컵 정도 마셔 포만감이 일찍 느껴지도록 해서 식사량을 줄인다. 또 섭취된 에너지가 소모되도록 생활 프로그램을 짜서 보다 많은 활동을 한다. 한편 지방질이 많은 고기나 버터, 기름에 튀긴 음식, 마가린, 땅콩, 빵 및 설탕이 많이 들어 있는 과자나 햄 등은 적게 먹는다. 특히 에너지 밀도가 높은 기름으로 튀긴 식품 대신 우리의 전통 물조리 식품을 먹도록 하고 동물성 지방을 적게 먹는다. 또 중요한 것으로 곁에 먹을 것을 놓아 두지 말며 외식의 횟수를 줄인다. 그리고 아침 저녁으로 체중을 달아 몸무게가 늘면 식사량을 줄이고, 대소변으로 배출해서라도 목표 체중에 도달되도록 노력한다. 또 유념할 것은 탄수화물(밥)이 지방(기름)보다는 비만을 일으키는 정도가 낮으나 탄수화물도 많이 먹으면 자연히 지방을 많이 먹는 것과 같은 결과가 된다는 것을 알아야 한다.

비만은 많이 먹어서 생긴 병으로 치료에 약이 없다. 한번 비만 상태로 접어든 사람이 체중을 줄이기 위해 소식(小食)과 짜임새 있는 활동 계획을 실행하는 것은 운동선수가 기록에 도전하기 위해서 고독하게 살을 깎는 훈련을 반복하는 것보다 어려울 수도 있다. 많이 먹고 많이 운동해서 체중을 줄이려는 노력은 무리이며 비과학적이다. 따라서 비만의 예방은 적게 먹어 미리 예방하는 것이 최선의 방법이다.

16
•

비만형 부모를 둔 청소년은

우리 주변에서 보면 간혹 많이 먹지 않는데도 살이 찌는 사람이 있는가 하면, 반대로 많이 먹는 편인데도 살이 찌지 않는 사람이 있다. 이처럼 상식과 다르게 나타나는 것은 유전과 관련이 있는 것이다.

비만은 선천적인 비만과 과식이나 비활동적인 생활, 스트레스 등에 의한 후천적인 원인이 있으므로 뚱뚱한 사람 모두가 마른 사람보다 언제나 많이 먹는다고 생각하면 큰 오산이다.

최근의 보고에 의하면 부모 중 한 사람만 비만이어도 그 자녀가 뚱뚱해질 가능성이 높다고 한다. 이런 청소년은 설사 어린 시절에 정상 체중일지라도 성장하면서 비만 체형으로 되기 쉽다.

따라서 부모가 비만 체형이면 어릴 때부터 체중이 과다하지 않도록 식사량의 조절과 적당한 운동을 병행할 필요가 있다. 왜냐하면 청소년 시절에 비만인 사람은 성인이 되어도 비만 체형이 되며 다음 세대에도 비만형 자녀를 두게 될 가능성이 높기 때문이다.

　그런데 한 가지 유념할 것은 비만형 체질을 가진 부모들은 유전적인 소양도 크게 관련되지만 식생활에서 식품의 선택 패턴이나 식사량, 운동량 등이 원인이 되는 경우가 많다는 것이다.

　덧붙이고 싶은 것은 비만형 부모를 둔 청소년들 중에는 자기의 비만 문제를 부모 때문이라고 불평할 수 있으나 그것은 잘못이다. 왜냐하면 지금 비만형 체질인 어른은 과거 배고픈 시절에 마른 체형보다 기아를 견뎌내는 데 효과적인 체질이기 때문이다. 남는 에너지는 필요할 때를 대비해서 저장되어야 하는데 다행히 에너지 밀도가 높으면서 무게가 가벼운 지방으로 저장된다. 따라서 비만형의 부모를 둔 청소년은 오히려 자랑스런 유전적인 특성을 가진 부모라고 자위해도 좋다.

17

기억력 향상은 후천적 노력으로 가능

 사람이 태어날 때 뇌의 기억세포는 동일한 수의 세포를 가지고 태어난다고 한다. 그리고 이 기억세포는 성장하면서 새롭게 계속 증가된다고 한다. 그래서 일상생활에서 목적 의식을 가지고 공부를 하거나 창작하는 사람의 뇌세포는 계속 발달되어 업그레이드(up grade)되어 간다.

 천재는 99% 노력에 의해서 가능하다고 말하는 것은 기억력을 계속해서 가동하기 때문에 머리가 남모르게 발달되기 때문이다. 그러나 뇌를 잘 사용하지 않거나 스트레스를 받을 경우엔 기억세포가 단순 작동해서 기억력이 감퇴하게 된다.

 기억력이 떨어지면 집중력이 떨어지고 TV를 보는 것과 같은 흥미 위주의 편안한 시간을 보내기를 좋아하게 된다. 이렇게 머리를 쓸 필요가 없는 TV 시청이 습관화되면 두뇌 발달은 더욱 더디게 되어 XT급으로 전락하고 만다.

 그래서 청소년기에 TV를 보는 데 시간을 많이 빼앗기면 공부에 지장을 초래하게 되며 두뇌 개발에도 역효과를 가져온다. 이렇게 다른 일로 공부를 못해서 생기는 결과는 가고 싶은 학과에 진학하지 못하고 그 결과 졸업 후에 직업을 구할 때 직업을 선택하는 입장이 아니라 선택당하게 되는 신세를 면치 못하게 된다. 다시 말해서 공부할 때 공부를 않고 습관적으로 TV를 많이 보며 시간을 낭비하는 젊은이는 나이 들어서 아예 TV조차 볼 수 없는 인생이 될 수도 있다는 것이다.

그 외에 기억력을 향상시키기 위해서는 쉬운 것보다 생각을 깊이 하는 일에 목적 의식을 가지고 하되, 꾸준히 두뇌운동을 하는 것과 아울러 두뇌작용에 필요한 영양소 결핍이 일어나지 않도록 하는 식생활이 중요하다.

예를 들어, 철분의 부족에 의한 빈혈이나 알코올 과음, 각종 영양실조 등은 기억력을 떨어뜨린다. 특히 여학생의 경우는 생리적 철분 배출(멘스)로 흔히 철분이 부족할 수 있어 학습력이 떨어지기 쉽다. 그 외에 비타민B₁ 부족도 기억력을 감퇴시킨다. 비타민B₁이 많이 들어 있는 식품은 맥주효모나 돼지고기, 두류 등이다.

결론적으로 효과적인 두뇌 개발은 용불용설(用不用說)의 진리를 믿고 꾸준한 두뇌활동과 동시에 균형잡힌 영양소 섭취의 노력이 병행되어야 한다는 것이다.

18

기억력을 증가시키는 방법

기억력은 학업 성취와 사회생활, 연구생활에서 핵심 바탕이 된다. 기억력을 증가시키기 위해서는 가급적이면 기억력을 약화시키는 요인을 최소화하고 증가 요인을 극대화해야 한다. 그리고 뚜렷한 목적 의식을 가지고 새로운 정보를 흡수하고 계속해서 생각을 짜낼 때 기억력은 계속 증가될 수 있다.

인간은 목적이 있는 일을 해야만 뇌가 발달하며 그 결과 행복을 누릴 수 있다. 또 기억력을 유지시키는 방법으로는 포도당의 원활한 공급이 필요하다. 인체 내에서 에너지 재료로 쓰이는 포도당은 대개 여러 기관에 저장되지만 뇌에는 저장되지 않는다. 그러므로 혈액의 흐름이 원활해야만 뇌의 기능이 활발해진다.

한편 뇌에 도착한 포도당이 산화되어 뇌의 에너지로 쓰이기 위해서는 혈액이 산소를 잘 공급해 주어야만 한다. 산소 역시 뇌에 저장되어 있지 않기 때문에 산소 공급을 위해서는 원활한 혈액 공급이 중요하다.

따라서 혈액이 뇌에 원활하게 공급되도록 혈액의 유동성을 높여 주기 위해서는 적당한 운동으로 알칼리 체질 유지와 적당량의 지방질의 섭취, 혈관의 신축성을 방해하는 콜레스테롤의 과다 섭취를 억제할 필요가 있다. 그리고 혈액의 중요 구성 성분인 단백질과 철분 섭취에 유념하고, 비타민C와 토코페롤(비타민E) 등의 섭취도 필수적이다.

기억의 생리적 반응은 에너지와 물질의 변화이다. 이러한 반응을 원활히 진행하기 위해서는 균형잡힌 식사와 적당한 운동이 필요하다.

두뇌 개발은 후천적 노력으로도 충분히 가능하며 이러한 노력은 젊을수록 효과가 크므로 목적 의식을 가지고 두뇌 개발에 노력하면 컴퓨터로 말해서 XT급에서 AT급을 넘어 펜티엄급의 두뇌가 되게 할 수 있다.

19

도시락은 컨디션과 정서에 큰 영향을 준다

도시락은 과거 우리 생활에서 점심을 외식할 때 흔히 휴대했던 식사 형태였으나 요즈음은 초·중·고등학교 학생들이 점심과 저녁을 먹기 위해 한두 개씩 준비하는 필수 지참물이 되었다. 이럴 경우에 도시락은 그날 학생들의 컨디션과 정서에 큰 영향을 주게 된다. 기분 좋게 위생적이고 균형잡힌 도시락을 먹은 경우와 그렇지 못한 경우에 따라 그날의 학습 결과는 서로 상반되게 나타날 수가 있다.

또 도시락은 어머니와의 교감 매체로 작용하기도 한다. 그런데 학교 주변에는 도시락 대용식으로 라면과 샌드위치, 김밥 등이 많아 점심 식사 때 자주 이용되고 있다. 그러나 이러한 먹거리들은 시험공부에 녹초가 되어 있는 청소년들에게 자연성이 있는 균형잡힌 식생활과는 거리가 멀다. 이들 패스트푸드(fast food)는 맛은 있으나 균형식으로서는 질이 낮은 것들이 많다.

요즈음 주부들 중에는 돈으로 사랑을 표시하거나 편이 위주의 식생활을 선호하다가 학생들이 인스턴트 식품 섭취로 이것에 인이 박히는 잘못된 식습관을 갖게 하는 오류를 범하는 이들도 있다. 정성과 균형잡힌 도시락 대신 인스턴트 식품을 준비해 주는 것은 유아기에 모유를 먹일 수 있는데도 우유로 기르려는 것과 같은데 이것은 일종의 직무유기라 할 수 있다.

위생적이고 맛의 도·레·미가 있고 단백질이 풍부하고, 비타민 B_1과 비타민 C가 부족되지 않도록 배려한 도시락을 준비하는 것은 자녀에게 보약을 주는 것과 같다. 도시락은 위생적으로 안전하고 경제적인 먹거리임은 물론 어머니의 사랑이 듬뿍 담긴 먹거리로 난세에 청소년의 정서와 건강에 좋은 식사 패턴이라 할 수 있다.

도시락을 즐겨 먹게 하려면 실제로 청소년들이 먹고 싶은 음식을 어머니에게 요구할 수 있는 기회와 분위기 조성이 필요하다. 어머니는 자녀들에게 '무엇을 찬으로 넣어 줄까'라고 물어보는 것이 필요하고 자녀들은 '무슨 반찬이 맛있는데, 또는 무슨 반찬이 먹고 싶은데 그 반찬을 넣어 달라'고 자연스럽게 부탁하는 것도 좋은 도시락을 만드는 데 도움이 된다.

공부에 시달리는 청소년들에게 위생적이고 시각적으로도 구미가 당기고 영양적으로 균형이 잡힌 도시락이야말로 모자지간에 자연스런 사랑의 가교가 될 것이며, 청소년들이 건강을 지키고 수학능력을 향상시키는 데 비할 데 없이 좋은 보약이다.

속담에 '세 살 버릇 여든까지 간다'는 말처럼 우리 어머님이 손수 지지고 볶아 정성껏 만든 반찬을 먹음으로써 어릴 때부터 좋은 식습관을 길러 주는 것이야말로 값진 유산이라 할 수 있다.

20

위생적으로 안전한 도시락 준비 요령

도시락은 집을 떠나서 활동할 때 그날의 필요한 에너지와 영양소 섭취를 위해서 무엇보다도 중요한 준비물이다.

사실 도시락을 맛있고 보기 좋게 위생적으로 준비하기란 쉬운 일이 아니다. 그러나 도시락은 가족이 밖에 나가서 생기를 얻어 활동하는 데 중요한 바탕이 되기 때문에 소홀히할 수 없는 가사이다.

도시락은 도시락을 먹는 사람의 활력과 정서 및 건강에 직접적인 영향을 주게 된다. 1980년대 이전에는 직장 근무자들의 대부분이 도시락을 지참했으나 그 이후부터는 도시락 대신 매식이 크게 늘어났었다. 그런데 지금은 IMF시대를 맞이하여 주부들이 도시락을 싸야 하는 경우가 많아지게 되었다.

위생적인 안전도를 고려한 맛있는 도시락을 마련하는 데 도움이 될 만한 방법을 소개하면 다음과 같다.

반찬을 담을 반찬통은 살균하여 쓰고 특히 고무링이 끼어 있는 경우 고무링을 청결히 하며 가능하면 깨끗한 고무링을 예비로 준비하여 바꿔 쓰도록 한다. 반찬은 가급적이면 도시락 준비 직전에 만들어 넣고 자를 때는 도마나 칼을 깨끗이 씻어 사용한다. 그리고 깨끗이 씻어 말린 도시락이나 반찬통을 사용 전에 습관적으로 불결한 행주로 닦지 말아야 한다. 밥 푸는 주걱은 나무보다는 금속제가 더 위생적이다. 나물류의 반찬을 넣을 때는 식중독을 예방하기 위해서 맛이나 냄새를 크게 악화시키지 않는 범위 내에서 적당량의 식초를 사용하는 것이 좋다.

보온 도시락 대신에 밥통과 반찬통이 분리된 도시락을 휴대할 때는 밥통 위에 책이나 스티로폴(포장된 것) 같은 단열재를 놓고 그 위에 반찬통을 놓아 휴대하면 밥통의 열이 반찬통으로 전도되지 않아 찬이 신선하게 유지된다.

도시락 반찬으로는 쇠고기보다는 돼지고기를 사용해 만든 것이 차가운 데서 먹을 때에 더 소화가 잘 된다. 그리고 젓가락이나 숟가락은 밥 속에 넣지 않는 것이 좋다. 익힌 반찬을 날식품(오이, 고추 등)과 접촉한 채로 장시간 보관하면 쉽게 반찬이 상하고 식중독을 일으키기 쉬우므로 조심해야 한다.

생선을 튀길 때는 두께가 두텁지 않게 절단하여 속까지 충분히 튀김으로써 살균하여야 식중독을 예방할 수 있다. 그리고 센스 있게 도시락 찬에 새콤한 과일(귤이나 사과) 몇 조각을 넣어 주면 맛에 엑센트가 되어 기분을 좋게 하면서 신선도 유지나 배

탈 예방에도 효과가 있다.

한편 급우들이 불평을 할 정도로 냄새가 강한 음식은 넣지 않는 것이 좋고, 소화가 잘 되고 평소에 즐겨 먹는 찬을 조금씩 여러 가지 넣는 것이 바람직하다. 왜냐하면 평소에 즐겨 먹지 않던 음식(특히 고기 등)을 비싸다거나 또는 귀하다고 하여 한 가지만 많이 먹게 되면 소화불량으로 좋지 않은 결과를 가져올 수 있기 때문이다.

이러한 유의점들을 잘 지켜 도시락을 준비한다면 학생의 영양 상태도 좋아지려니와 세균 오염으로 인한 질병도 예방할 수 있으므로 주부들께서 참고했으면 한다.

또 한 가지 유념할 것은 일주일 내내 같은 종류의 밥과 같은 반찬을 넣는 것보다는 종류를 가능한 한 바꾸어 주는 반찬의 도레미파솔라시도를 구사함이 좋다.

튼튼하고 아름다운 사랑의 가교를 만들기 위해서는 청소년들의 노력도 필요하다. 따라서 학생들은 도시락을 그저 습관적으로 먹는 것보다는 준비하여 준 부모님께 감사하는 마음으로 이 음식을 먹고 '열심히 공부해야지' 하는 다짐을 하면서 먹는 습관을 기른다면 그 학생은 분명히 학습에 발전이 있을 것이고 그의 어머님은 이 사랑의 가교를 만드는데 더욱 정성을 다하게 될 것이다.

21

물을 한꺼번에 많이 마시면 두뇌기능이 떨어진다

갈증은 땀을 흘리는 운동 중이거나 탈수가 심한 설사를 하게 되거나 또는 더운 여름철에 유난히 심하다. 이 경우엔 수분이 몸 밖으로 많이 빠져 나와 체내에 염분 농도가 높아졌다는 증거다. 이 갈증은 생리적으로 자연스런 반응이다. 이러한 경우엔 적당량의 물을 마셔 보충해 주어야 한다. 그러나 한꺼번에 다량의 물을 마시면 오히려 해가 됨을 알아야 한다. 한꺼번에 많은 양의 물을 마시면 힘이 빠져 운동 기록이나 학습능력이 약화되기 쉽다.

그 이유는 갑자기 물을 많이 마셔 물이 혈관 속으로 많이 들어오게 되면 혈액이 묽어져 산소 공급과 영양소 공급 속도가 늦어지고 따라서 힘이 빠지고 두뇌기능이 떨어지게 되기 때문이다.

그리고 갈증을 해소하기 위해서 마시는 물은 맹물보다는 약간의 소금을 넣어 마시는 것이 바람직하다. 갈증 해소 때는 물론이고 일반적으로 물을 자주 많이 마시는 것은 건강을 위해서 좋으나 맹물보다는 보리차나 1% 정도의 소금물, 과일 주스 등을 여러 차례 나누어 조금씩 마시는 것이 변비 예방이나 기분 전환 및 컨디션 유지에 좋다. 그리고 너무 찬물보다는 따뜻한 물을 마시는 게 건강상 좋다.

한방에서는 비만의 원인을 신장이 비즙 상태가 되면 신장에서 수분 배출이 방해되어 비만이 된다고 하는데 찬물은 비즙을 촉진시키므로 비만을 예방하려면 따뜻한 물이 좋다고 한다.

22
.

청소년기에 음주는 뇌기능에 손상을 가져와

술은 성인들이 만들어 놓고 나이 어린 사람에게는 못 마시게
하는 음식이다. 술의 주요 성분은 마시면 취기를 느끼게 하는
에틸알코올(ethylalcohol)이다. 이 에틸알코올은 합성하는 것도
있지만 합성된 에틸알코올은 공업용으로만 쓰이도록 되어 있다.
그리고 술에 들어 있는 모든 알코올은 술이 양조되는 동안 효모
에 의해서 당으로부터 생성되는 알코올이다.

일반적으로 에틸알코올은 인간의 세포 속에서 전혀 생성되지
않는 물질로 몸에 들어오면 독성분으로 인식되어 해독을 위해
간이 비상 상태로 들어
간다.

에틸알코올이 술을 통
해서 흡수되면 간은 다
른 여러 가지 독물질의
해독을 뒤로 미루고 알
코올을 우선적으로 해
독하기 때문에 이때 약
을 먹는다든지 독물질

이 몸에 들어오면 몸에서 독작용이 심하게 일어나게 된다. 최근
에 알려진 사실이지만 해열진통제인 타이레놀을 술과 함께 복용
하면 간에 치명적인 손상이 온다고 한다.

또한 에틸알코올은 뇌가 완전히 발달되지 않은 청소년들에게

는 적은 양이라도 뇌기능 손상을 일으킬 가능성이 크며, 대개 10대 청소년들의 경우 성인보다 쉽게 술에 취하지 않아 많이 마시게 되는 속성 때문에 뇌기능에 더 큰 손상을 받기 쉽다.

술은 기호 음료이지만 중독성이 있어 음주량을 절제하기 힘들면 중독되기 쉽다. 그리고 알코올 중독자는 알코올 의존적 생활로 빠지게 되고 알코올 의존형인 사람은 가정과 사회에 짐이 되는 신세가 된다. 그리고 음주에 의한 취기(醉氣)는 절제력이 부족한 청소년들에게는 악기(惡氣)가 되기 쉬워 돌발적이고 파괴적인 행위로 나타날 수 있다.

우리 사회는 술 인심이 너무 후하고 음주 비행을 너그러이 보아주는 무책임한 권주(勸酒)문화로 인해 알코올 중독자가 의외로 많다. 더욱이 1,000만 대 자동차 시대에 접어들면서 음주로 인한 교통사고 또한 사회의 크나큰 문제로 대두되고 있다.

음주는 취기를 부르고 취기는 사리판단을 흐리게 하여 다른 사람을 해치거나 사회적인 문제를 야기하는 음식이기 때문에 종교적으로 금주를 계율로 정하기도 했다.

23

아침밥을 굶으면 집중력이 감소된다

포식의 시대가 도래한 후부터 체중을 줄이거나 과체중 예방을 위해 아침을 굶는 사람들이 많아졌다. 이에 덩달아 성장기의 청소년들마저 아침을 먹지 않는 학생들이 늘어나는 추세이다. 그러나 성장기에 있는 청소년들이 아침을 굶게 되면 성인과 달리 성장과 학습능력 향상에 매우 나쁜 영향을 미칠 수 있다.

한 이스라엘 연구진의 연구 결과에 의하면 11~13세 어린이 500명 중 아침밥을 먹은 어린이들은 70%가 평균치를 넘는 성적을 거둔 사실이 드러났다.

아침을 굶는 것은 우리의 인체가 수천 년 동안 해 온 하루 세 끼 식사라는 생리적 리듬이 깨지게 되어 정서적으로 불안하고 공복감에 따른 집중력 감소를 가져올 수 있다. 아침밥을 영어로 breakfast라고 하는데 이것의 뜻을 보면 배고픔(fast)을 깬다(break)는 것이다.

그러므로 수학능력을 향상시키기 위해서는 무엇보다도 아침을 규칙적으로 먹음으로써 허기지지 않아야 공부도 잘 되고 행동에도 활력이 있게 됨을 알아야 한다.

아침의 밥맛은 아침잠에서 얼마나 일찍 일어나느냐와 밀접한 관련이 있으므로 여유 있고 맛있게 식사하기 위해서는 일찍 일어나는 것이 중요하다.

아침을 규칙적으로 먹도록 하는 데는 학생과 가족 특히 주부의 노력이 필요하다. 어떤 이유로든 아침을 먹지 않고 등교하는 것은 하루 생활의 첫단추를 잘못 끼는 것과 같기 때문에 꼭 챙겨 먹는 식습관을 들이는 것이 필요하다.

24
•

식습관은 제2의 인격

우리가 정상적인 생활을 하기 위해서는 최소한 하루 세 끼 식사는 해야 한다. 식사의 주 목적은 영양섭취이며 여러 가지 의미에서 다른 사람들과 같이 먹는 경우가 많다. 주로 가족과 함께 하지만 그 외에 대소 잔치에서 또는 친교시, 어른을 모시는 경우 등 다양하다.

음식을 먹는 식습관은 성격과도 밀접한 관련이 있다. 바르지 않은 자세로 식사하는 모습이나 왼손으로 수저질을 하는 모습,

밥이 수저에 붙은 채로 사용하는 모습, 국물을 후룩후룩 마시는 습관, 음식을 손으로 집어먹는 습관, 맛있는 음식에만 젓가락이 자주 가는 습관, 음식을 지저분하게 먹는 모습, 음식을 남겨 놓아 버리게 하는 식습관, 지나치게 빨리 먹는 식습관 등은 다른 사람에게 좋지 않은 인상을 주게 되므로 바람직한 식습관을 기르는 것이 매우 중요하다.

  인격은 지속되는 행위인 습관에 의해서 형성된다. 식습관은 하루에 최소한 세 번씩은 반복되는 행위이므로 가급적이면 정숙하고 즐거운 식사가 되도록 청소년 시절부터 노력해야 한다. 왜냐하면 식습관은 제2의 천성이 되기 때문이다.

25

수험생들의 식사 요령

　수험생은 시험을 앞두고 최선을 다한다는 면에서 군인이나 운동선수가 격전을 앞두고 긴장 속에서 전술과 체력을 조심스럽게 관리하는 경우와 별 차이가 없다. 그러므로 수험생에게 제일 중요한 것은 어떻게 하면 시험 당일에 정신적으로 안정감을 가지게 하고 시험 중 두뇌활동이 활발하도록 영양 공급을 충분히 할 수 있는가이다. 시험 당일에 심리적으로 불안하다거나 스트레스를 받으면 시험 결과가 예상 외로 나올 수 있다. 이러한 예기치 않은 문제를 예방하고 정신적으로 안정감을 유지하도록 하기 위해서는 다음과 같은 요령이 필요하다.

　첫째, 과식을 피한다. 과식을 하게 되면 위에 부담을 주어 몸이 무겁고 피가 위로 모이게 되어 뇌에 공급되어야 할 산소와 포도당이 적어져 뇌기능이 떨어지기 때문이다.

　둘째, 시험 전날엔 충분히 수면을 취한다. 수면이 부족하면 몸과 마음이 가볍질 않다. 수면에 도움이 되는 것으로는 단백질과 칼슘 성분이 많은 우유를 적당히 먹는 것이 좋다.

　셋째, 식사량은 평소 즐겨 먹던 양의 80~90% 정도만 먹는다. 일반적으로 자주 먹어 본 음식에 대한 소화력은 좋으나 처음 먹는 음식에 대한 소화력은 약하기 때문에 귀하고 값비싼 음식이라고 갑자기 많이 먹게 되면 소화불량이 생기기 쉽다.

　넷째, 기분전환이나 잠을 조절하기 위해 시험 전날에 각성제나 커피, 콜라, 홍차 등을 잘못 먹었다가는 오히려 역효과를 낼 수 있으므로 먹지 않는 게 좋다.

　음식은 몸과 마음의 항상성에 영향을 주기 때문에 시험 전날엔 적당한 식사와 충분한 수면을 취하는 것이 수험생에게 가장 중요한 수칙이다. 이렇게 시험 전날의 쾌식 쾌면이야말로 수험생들의 고생을 보람으로 승화시킬 수 있는 최선의 방법이다.

26

시험 보는 날의 식사

　시험 보는 날 수험생의 심전(心田)은 매우 불안하게 마련이다. 마치 권투선수가 시합 종소리를 앞두고 긴장하는 심정과도 같을 것이다.

　시험장은 수험생에게는 전장(戰場)이나 다름없다. 그러므로 전장에서 싸워 이기기 위해서는 하찮은 것도 소홀히할 수 없다.

시험 당일에는 수험표나 주민등록증 및 필기구와 시험장까지의 교통문제, 점심 준비 등 모두가 소홀히할 수 없는 중요한 일들이지만, 이 중에서도 아침밥은 시험 보는 한나절의 컨디션에 직접적으로 영향을 미치는 중요한 요인이 된다.

　시험 보는 날의 아침밥은 평소에 먹어 오던 음식을 소화가 잘 되는 것으로 적당히 먹는다. 자극적인 음식은 피하고 각성제나 안정제, 커피나 탄산음료, 각종 드링크제도 역효과를 낼 수 있으므로 피하는 게 좋다.

점심 준비 역시 평소 먹어 오던 밥에 청량감을 주고 소화에 좋은 김치를 중심으로 위에 부담이 없는 생선 부침이나 평소에 좋아하는 반찬을 넣도록 한다. 그리고 물은 차지 않도록 보온병에 챙기는 것이 좋다.

시험 중에는 고도의 두뇌활동이 필요하기 때문에 에너지 보충과 안정감을 가지도록 하기 위해서 고에너지 식품인 사탕이나 초콜릿을 준비해도 좋다. 맛있는 달콤한 것은 안정감을 주는 데 도움이 되기 때문이다.

27
•

수험생의 마음 안정을 위한 관습

시험 보는 날에 무엇보다 중요한 것은 정신적으로 안정을 유지하는 일이다. 그런데 거의 대부분의 수험생들은 불안을 느끼게 마련이다. 불안감을 해소해 주는 것은 시험을 잘 보는 데 큰 도움이 된다.

다행스럽게도 우리 민족은 이러한 불안감을 덜게 하고 자신감을 심어 주는 풍습이 우리 고유의 민속으로 지속되고 있다. 종교적으로 기도를 하는 방법도 있고 찰진 식품을 이용하는 방법도 있는데 그것은 다름 아닌 찰떡이나 찰밥 또는 엿을 먹도록하는 것이다. 이들 먹거리가 쓰여 온 이유는 이들 세 가지가 공통적으로 강한 접착력이 있어서 어디에나 잘 붙는 것처럼 시험에 붙기(합격)를 염원하는 뜻이 담겨 있기 때문이다. 그래서 시험을 치르는 대학의 교문 앞에다 엿이나 찰떡을 붙여 그 대학에 합격하도록 기원하기도 한다.

이러한 풍습은 어찌 보면 미신적이라고 치부하기 쉽지만 이는 치열한 교육경쟁에서 이기기 위해 최선을 다하고자 하는 노력의 일환으로 볼 수도 있다. 그러므로 가족이나 가까운 친구들이 수험생에게 이들 먹거리를 주는 것은 심리적인 안정감과 자신감을 가지는 데 효과가 있다고 보기 때문이다. 그래서 이러한 풍습은 오랫동안 계속될 것 같다.

28

불규칙한 식생활은 성적을 나쁘게 할 수도

규칙은 질서요 안정이다. 우리의 뇌는 하루에 세 끼의 식사를 하는 리듬에 맞추어 오랫동안 기능을 발휘해 왔다. 그런데 어느 날 갑자기 식사를 거른다거나 아니면 갑자기 많이 먹게 되면 위나 뇌의 기능 균형에 이상이 생기기 쉽다. 규칙적인 식사를 실행하는 것은 과식과 비만 예방은 물론 학습능력 향상에 도움이 된다.

불규칙한 식사는 불규칙적으로 잠을 자는 것과 함께 건강을 해치고 학습능력에 마이너스 효과를 준다. 이러한 불규칙한 식생활이나 늦잠은 가정에서의 공동생활에서 다른 가족에게도 불편을 끼치게 된다. 이러한 습관이 성인이 되어도 지속되면 그 사람은 사회적으로 발전하기가 힘들어진다.

따라서 발전적이고 존경받는 사람이 되기 위해서는 규칙적인 식생활과 함께 잠자는 시간도 습관화하는 것이 중요하다. 좋은 식습관은 좋은 인격의 바탕이 되기 때문이다.

29

우유는 잠을 촉진한다

요즈음 청소년들은 가정이나 학교에서 거의 매일 우유를 마시는 게 보통이다.

우유에는 수분이 약 88%나 들어 있어서 갈증 해소는 물론 단백질이 약 3.4%, 지방이 3~4% 등 양질의 영양소가 듬뿍 들어 있어 인간에게 완전식품이라고 할 수 있을 만큼 영양이 풍부한 음료이다. 그리고 우유 중에는 잠을 잘 오게 하는 성분도 있음이 알려지고 있다.

우유의 성분 중에 잠을 오게 하는 성분은 타이로신과 트립프토판이다. 타이로신은 잠을 잘 오게 하는 세로토닌을 증가시킨다. 그래서 우유를 마시면 숙면하는 데 도움이 된다. 그러므로 오후에 우유를 한두 컵 정도 마시면 저녁에 숙면을 취하는 데 도움이 된다는 사실은 우유를 많이 마셔 온 서구에서는 보편화된 상식이다.

갓난 아이의 하루 생활 양태를 보면 거의 하루 종일 젖을 먹고 자는 게 특징이다. 이처럼 젖먹이 때 잠이 많은 것은 아마 젖에 들어 있는 타이로신과 트립프토판 때문이 아닌가 한다.

그러므로 저녁 공부를 하려는 학생은 우유를 오후나 밤에 마시면 잠이 빨리 오게 되어 공부에 방해가 될 수 있다. 따라서 이러한 청소년들은 우유를 오전에 마시는 것이 영양이 좋은 우유를 무리없이 마실 수 있는 방법이다.

30

체격은 큰데 체력이 약한 이유

청소년은 가정적으로나 사회적으로 매우 소중한 인격체들이다. 그리고 가정과 사회의 미래이다. 그러므로 청소년의 건강과 지식 수준은 개인과 가정, 그리고 사회의 미래를 예측케 하는 반영체라고 할 수 있다.

　오늘날 우리 청소년들은 과거의 청소년들과 다른 점이 많다. 우선 학교생활의 시간이 길고 학과목도 많으며, 경쟁적 생활 분위기로 너무 경직되어 있으면서 자연과 접할 시간은 적어 정서적으로 문제가 있는 교육환경에 살고 있다.

　다시 말해서 식생활이나 생활환경이 너무나도 비자연적이라는 것이다. 그러면서도 영양은 충분한데 체력을 기르는 시간과 활동은 자꾸만 줄어드는 비활동적인 생활로 인해 체격만 커지고 있다. 마치 제한된 공간에다 먹을 것을 많이 준 후 알(점수)을 많이 낳도록 하는 양계장의 닭과 같다고나 할까.

　물론 경쟁사회에서 강자가 되고 살아가기 위해서는 그렇게 할 수밖에 없는 것이 아니냐는 반박도 있을 수 있으나 청소년기에 공부만 하는 것은 결코 바람직하지 않기 때문이다.

　좋은 집에 좋은 옷, 포식, 고액 과외 등은 과거의 청소년들이 경험하지 못했던 풍요로움이라고 할 수 있으나 체력을 단련하고 어려움을 참는 인내심을 기르는 과정은 없다. 그 결과 오늘의 청소년들은 과거의 청소년들에 비해 인내심이 매우 약한 것이 현실이다.

　오늘날 청소년들의 체격과 체중이 크게 신장된 것은 영양섭취 수준이 좋아진데다 비활동적인 생활로 근육은 발달되지 않고 지방층만 증가되는 경우가 많기 때문이다.

　한 가지 부정적인 소문을 소개하면, 오늘날 비만형 청소년이 많아진 원인 중에 하나는 각종 성장호르몬제를 주어 기른 가축의 고기를 먹어서 그런지도 모른다는 의견도 있음을 유념할 필요가 있다.

　체격과 체력이 양호하다면 좋으나 이 둘 중에서 어느 하나만을 선택한다면 체격이 좀 작더라도 체력이 강한 젊은이를 사회적으로 더 선호한다는 것을 알아야 한다.

　체력을 강화하기 위해서는 규칙적인 식사와 적당한 운동 및 넉넉한 마음 관리가 중요하다. 건장한 체력과 건강한 마음을 갖추려는 노력을 병행할 때야말로 어떤 일이나 잘 할 수 있는 의지력이 강한 청소년이 될 수 있음을 명심하자.

앞으로 다가올 21세기의 바람직한 청소년상은 체격은 플라이급이지만 체력은 헤비급의 권투선수와 같은 청소년이다. 청소년의 체력은 의지력과 비례하며 국력으로 나타나기 때문에 체격보다 체력이 더 중요시되어야 한다.

31

물의 기능과 섭취량

우리의 몸은 60~70%가 수분으로 되어 있다. 따라서 몸무게가 60kg인 사람은 36ℓ의 물을 가지고 다니는 셈이 된다.

인체는 항상성 유지 기능이 정교해서 36ℓ 중 땀이나 오줌, 똥 및 호흡으로 0.6ℓ만 빠져 나가도 갈증을 느끼게 된다.

만약 설사나 고열로 인해 3ℓ만 모자라도 혼수상태가 되고 6ℓ가 빠져 나가면 죽게 된다. 그러므로 체내 수분을 일정하게 유지하기 위해서는 매일 약 2ℓ의 물이 공급되어야 한다.

하루에 음식이나 음료수를 통해서 섭취된 물은 신체의 체온 조절이나 양분 운반, 각종 화학반응이 일어나게 하는 기능과 아울러 노폐물 배설에 중요한 기능을 한다.

수분이 부족하면 체내에  서 생긴 유독물질인 암모니아가 배설되지 않아서 자칫 생명을 잃을 수도 있다. 단백질 대사에서 생성되는 암모니아는 혈액 100 ㎖ 중 0.01mg만 있어도 사망하게 되는데, 이 암모니아가 간에서 독성이 낮은 요소(urea)로 전환되나 이것도 체내에 축적되면 위험하다. 요소 1mg이 배설되는 데는 약 100㎖의 물이 소모된다. 그러므로 체내에서 물이 많이 빠져 나가 약 3ℓ 정도만 부족해도 뇨중독(尿中毒)에 걸릴 가능성이 높다. 따라서 음식물을 먹지 않고는 수주일을 살 수 있으나 물을 마시지 않고는 수일밖에 살지 못할 정도로 물이 생명 유지에 중요한 역할을 한다는 것을 알 수 있다.

일반적으로 성인의 경우 하루에 약 2ℓ 정도의 수분 섭취가 권장되고 있는데 운동이나 설사 등으로 탈수가 심하면 수분 섭취량도 늘여야 한다. 이때 맹물보다는 생리적 이온 균형을 유지하기 위해서 수분이 대부분인 주스나 여러 가지 차를 엷게 타서 마시거나 과일을 먹는 것이 좋다.

32
·

장점이 많은 돼지고기

돼지고기는 여러 가지 장점이 있는데도 한방적 속설로 인해서 한국에서만 쇠고기 값의 약 3분의 1 정도로 싸게 판매된 적(1995년)이 있다. 하지만 돼지고기는 단점보다는 장점이 더 많다.

돼지고기는 쇠고기보다 결체조직이 적어 맛이 연하여 질긴 고기를 싫어하는 노약자까지도 먹기가 수월한 특징이 있다. 한편 돼지고기에 있는 지방의 융점이 쇠고기에 있는 지방의 융점(40~50도)보다 훨씬 낮아(28~48도) 우리 체온 정도에서도 녹기 때문에 소화성이 월등하게 좋고, 입안에서 기름덩어리가 물리지 않아 고기의 부드러운 맛을 더해 준다. 그 이유는 쇠고기에는 실온에서도 굳는 포화지방산이 많고 돼지고기에는 실온에서 굳지 않는 불포화 지방산이 많이 들어 있기 때문이다.

편육은 애사나 경사에서 음식을 대접할 때 빼놓을 수 없는 음식이다. 그러므로 고급으로 치는 쇠고기로 만들 수도 있지만 쇠고기보다는 돼지고기가 더 보편화되어 있다. 이는 돼지고기에 함유된 기름이 좋기 때문이다. 이것을 쉽게 알 수 있는 방법으로 쇠고기로 만든 불고기나 간장 조림은 식었을 때 하얗게 굳는 기름층이 생기지만 돼지고기로 만든 음식에서는 국물 위에 굳는 기름층이 생기지 않는 데서 알 수 있다. 이러한 차이는 쇠고기에는 돼지고기보다 포화지방산(실온에서 굳는 기름)이 많기 때문이다. 그러므로 조리된 쇠고기를 차게 먹으면 소화가 잘 안 되고 체하기 쉽다.

또 돼지고기에는 양질의 단백질이 많이 들어 있고 비타민B$_1$이 쇠고기의 10배나 들어 있어서 뇌의 기능과 피로회복 및 힘을 내는 데 좋은 식품이다. 더욱이 돼지고기에 마늘이나 부추를 곁들여 먹으면 비타민B$_1$만을 먹을 때보다 20배의 효과를 볼 수 있다. 이런 걸 보고 식품의 조합에 의한 상승효과(synergy effect)라고 한다.

이처럼 돼지고기는 쇠고기보다 값이 싸면서도 영양이 풍부하고 먹기 좋고 소화가 잘 되는 등의 장점이 있다. 그런데도 우리 한국에서는 돼지고기보다 세 배나 값이 비싼 쇠고기에 대한 소비 성향이 높은데 그것은 돼지고기에 대한 잘못된 고정관념 때문이다.

식생활 지식은 매우 보수성이 강한 속성이 있기 때문에 바르지 못한 식생활 상식은 건강에 악영향을 미칠 수 있음을 알아야 한다.

33

지방이 많이 든 음식의 선택 요령

지방이 과량 섭취될 경우 비만을 비롯하여 생리적으로 문제가 되지만 에너지 섭취 효율에서 보면 지방은 탄수화물이나 단백질보다 생체에서의 에너지 발생 열량이 2.3배 정도 높아 지방 섭취는 활력을 얻는 데 유리한 방법이다. 뿐만 아니라 식품 중에서 지방은 식품의 부드러운 맛과 냄새 및 물성(조직감)에 좋은 영향을 주는 효과가 있다. 그래서 지방의 소비는 계속 증가하고 있는 실정이다.

그러나 지방은 화학적으로 반응성이 활발해서 공기 중의 산소나 금속이온 및 장시간 저장, 조리 온도 등에 의해 산패나 산화, 중합 등의 반응을 쉽게 일으켜 풍미가 나빠지고 소화가 안 되며 영양 가치가 떨어진다. 그 외에 유지의 산패는 위생적으로 문제가 되는 과산화물과 유지 중합체 등을 생성시켜 세포의 노화를 촉진하게 된다.

지방은 그 함량에 차이가 있을 뿐 거의 모든 식품에 들어 있다. 식품의 저장 방법과 조건에 따라 유지의 건전성이 크게 다르기 때문에 건강한 식생활을 위해서는 유지 함유 식품의 선택에 주의를 기울이는 게 좋다.

유지가 함유된 식품을 고를 때의 요령으로는 생산된 지 얼마 안 된 것, 햇빛을 받지 않은 것, 저온에서 보관된 것, 진공 포장된 식품, 차광포장에 든 식품, 포장 속에 산소의 밀도를 적게 하여 주는 질소가스나 탄소가스가 충진된 것을 구입하는 것이 건강과 영양적인 면에서 유리하다.

34

올바른 식사는 건강의 첫걸음

인간의 재료는 식사를 통해서 먹고 있는 식품이다. 그러므로 인간의 성장 속도와 건강 상태, 정서는 우리가 섭취한 음식의 특성과 상관관계가 있다고 볼 수 있다.

괴테의 한 제자가 괴테에게 묻기를,

"저는 도대체 무엇입니까?"

라고 했다. 그러자 괴테가,

"너는 무엇을 먹느냐에 의해서 결정된다(You are what you eat)."

라고 대답했다고 한다.

이 대답은 음식이 사람의 몸과 마음을 지배한다는 의미를 함축한다. 또 이 말은 요즈음 우리 식품 이용 사상의 근간을 이룬다고 할 수 있는 신토불이(身土不二) 사상과 맥을 같이한다고 볼 수 있다.

인간의 정신력과 건강은 식품의 선택에 의해 영향을 받을 수 있기 때문에 보다 균형 있는 식생활을 위해 먹거리 선택에 관심을 가질 필요가 있다.

식품이 인간의 건강에 많은 영향을 준다는 것은 아주 옛날 히포크라테스가 '음식으로 못 낫는 병은 고치기 어렵다'라고 한 말에서도 알 수 있다. 이것은 약식동원(藥食同源)의 원리를 갈파한 말로 식생활이 병의 예방과 치료의 바탕이 된다는 것으로 해석될 수 있다.

　좋은 식품을 선택하는 것은 개인의 건강과 아울러 EQ(감성지수)를 높이는 데 좋은 인(因)을 심는 것과 같다.

　미국의 한 연구기관의 발표에 의하면 모든 병의 70%는 우리가 먹는 음식으로부터 온다고 한다.

　모든 사람들이 하루 세 끼를 먹지만 균형 있는 식사를 꾸준히 하느냐 못하느냐에 따라 건강이나 장수에 영향을 미치게 된다.

　그리고 건강의 인(因)을 꾸준히 심으면 생산적이고 창조적 생활이 가능하여 문화창달에 기여하는 뜻있는 삶을 살 수 있는 과(果)를 얻을 수 있다. 반면에 건강을 해치는 인(因)을 쌓아 병에 걸리게 되면 희망이 없고 가족과 부모, 사회 및 국가에 짐이 되는 삶을 살게 되는 과를 얻을 수밖에 없다.

　그러므로 가정과 사회의 미래인 청소년들은 건강의 인(因)을 꾸준히 심어 뜻있는 삶을 살도록 노력해야 한다.

35

우유를 먹으면 설사를 하는 이유

　우리의 식생활 향상은 여러 면에서 평가될 수 있으나 그 중 우유 먹는 것이 대중화되었다는 사실도 빼놓을 수 없다. 각급 학교에서 요즈음 우유 급식을 하고 있어 성장기에 있는 초·중·고등학생들에게 영양 공급면에서 매우 바람직한 간식이다. 이것이 최근 연구 조사에서 볼 때 학생들의 신장이 커진 중요한 원인이라고도 한다.

　우유는 달걀과 함께 완전식품이라고 할 정도로 영양이 풍부하고 균형잡힌 식품이다. 그리고 수분 함량도 많아 갈증 해소에 좋다. 그런데 학생들 중에는 우유를 먹으면 곧 설사를 하는 경우가 있어 우유 먹기를 꺼리는 사람도 있다. 이렇게 설사를 하는 이유는 젖당을 분해하는 효소인 락타아제(lactase)의 분비가 부족하다든지 우유의 단백질인 카제인의 응고나 소화가 정상적으로 일어나지 않는 데 원인이 있다. 이러한 사람은 다음과 같은 방법으로 우유를 먹으면 효과를 볼 수 있다.

즉 한 번에 먹을 양을 세 번 나누어 먹는다. 먹을 때는 벌꺽벌꺽 빨리 마시지 말고 반 모금씩 천천히 여러 번 마시고 찬 우유는 따뜻하게 데워 먹는다. 또 다른 방법으로는 다소 불편하지만 신선한 요구르트를 한 병 정도 섞어 마시는데 섞은 후 수십 분쯤 놓아 두었다가 마시면 좋다.

36

먼저 먹는 음식이 불리한 경우

매사에 성질이 급하면 손해를 보는 일이 많듯이 음식을 배식받는 순서도 서두르면 손해를 보는 경우가 있다. 그러나 일반적으로 일상생활에서 나이 많은 어른이 젊은 사람들보다 먼저 제공받는 게 통례이다. 이렇게 식생활에서 먼저 배식받는 것을 존경의 뜻으로 볼 수도 있으나 영양적으로나 위생적으로 볼 때 불리한 경우가 많아 음식을 연장자에게 먼저 권하는 것은 불경스러운 일이 될 수도 있다.

예를 들어 들로 가져간 밥통의 상층 밥은 먼지도 많이 앉아 있고 식은밥이 되어 밥맛도 떨어지기 때문에 불리하다. 또 밥솥

안에 지어진 밥에는 밥으로부터 힘을 내게 하는 데 없어서는 안 되는 비타민B_1이 밑으로 갈수록 많고 상층 밥은 B_1이 적기 때문에 상층 밥을 먹는 것은 영양적으로도 불리하다. 그뿐 아니라 각종 고깃국도 먼저 배식받게 되면 국 표면에 떠 있는 포화지방을 많이 먹게 되어 지방과 포화지방을 적게 섭취하는 게 좋은 포식의 시대엔 매우 불리하다.

이런 예는 음주시에도 볼 수 있다. 소주를 먼저 받아 마시면 머리를 아프게 하는 퓨젤오일(fusel oil)을 많이 마시게 되고, 막아 놓았던 수돗물도 맨 처음 먹게 되면 염소나 중금속을 많이 마시게 된다. 또 자동판매기에서 차를 뺄 때도 제일 먼저 뺀 것은 온도도 낮을 뿐더러 녹물이나 염소가스가 많이 들어 있어 좋지 않다.

이처럼 일상적인 식생활에서 음식을 맨 먼저 먹거나 배식받는 것이 기분상으로는 좋을지 몰라도 영양적으로나 위생적으로는 불리한 경우가 많다. 그런 것이 무슨 문제냐고 일축하는 사람도 있으나 무병 장수하려는 사람들은 귀담아 들을 필요가 있다.

이러한 사소한 식생활이 계속해서 반복되면 건강을 해치게 되는데 이는 가랑비도 오래 맞으면 옷이 젖는다는 이치와 같다.

37

운동 중에도 물 대신 과일을 먹는 게 좋다

　운동을 하면 일상생활을 할 때보다 많이 움직이기 때문에 열이 발생하며 이 열을 식혀 주기 위해서 수분과 염분으로 구성된 다량의 땀이 나게 마련이다. 그러므로 운동 중에는 정상적으로 균형을 맞추기 위해서 배출된 땀의 양만큼의 간단한 음료수를 마시는 것이 좋다. 그러나 지나치게 수분을 많이 섭취하면 혈액을 묽게 만들어 산소 공급이 잘 안 되고 이온 균형이 깨져 지구력이나 활력을 떨어뜨릴 수도 있다.

　하지만 운동할 때는 땀이 많이 나서 혈액의 농도가 짙어지면 혈액순환이 잘 되지 않아 정상적인 활력을 유지하는 데 문제가 생기므로 적당량의 수분을 섭취하는 것이 경기력 향상을 위해서 바람직하다.

　운동의 종류에 따라 다르지만 운동 중 약 20분마다 한 컵 정도의 물을 마시는 것이 스테미너와 체력 유지에 좋다는 주장이 인정을 받고 있다.

　요즈음은 운동을 하는 사람들에게 호감이 갈 만한 각종 스포츠 음료가 개발 유통되고 있어서 취향에 맞는 음료를 쉽게 선택해서 마실 수 있게 되었다. 그러나 보다 자연스런 수분의 섭취 방법은 맹물이나 가공음료보다는 수분 공급 효과가 뛰어나고 흡수되기 쉬운 영양소(전해질)가 많이 들어 있는 과일이나 채소가 좋다.

　과채류의 수분 공급 능력을 보면 오이(수분 95%) 1개, 오렌지

(수분 95%) 1개, 바나나(수분 85%) 1개를 먹으면 물 한 컵을 마신 것이나 맞먹는 효과를 볼 수 있다. 또 수박이나 참외, 토마토 등 일반 과일도 수분 공급이 이루어져 갈증을 해소할 수가 있다.

이러한 과일과 과일 음료는 단순한 수분 공급의 효과뿐만 아니라 흡수가 빠른 각종 당류, 여러 가지 비타민과 무기질들이 풍부하게 들어 있어서 피로회복과 경기력 향상에 더없이 좋은 수분공급 식품이다.

38

농업은 소홀히할 수 없는 산업

우리가 살아가는 데 절대 없어서는 안되는 식량을 생산하는 농업은 어느 산업생산보다 어려움이 많다. 공업은 원료비와 인건비, 시설의 감가상각비, 폐기물 처리 비용, 에너지, 포장비 등을 계산해서 마진을 예측하여 계획 생산이 가능하지만 농업 생산은 그렇지 못하다.

왜냐하면 농업은 인간이 조절할 수 없는 공전과 자전 주기에 의존하고, 각종 재해(저온, 병충해, 수해, 한해 등)를 막고 대비함에 있어 인간의 능력에 한계가 있기 때문이다. 또한 농업은 시간이 많이 걸리고 기후 변동에 의해 심한 영향을 받을 수밖에 없는 취약점이 있다.

그러나 농업은 국민이 건강을 유지하고 국가의 정치적 안정과 발전에 근본이 되기 때문에 비록 힘들고(difficulty) 더럽고 (dirty) 위험한(dangerous) 3D업종이지만 개인적으로나 국가적으로 소홀히 할 수 없는 산업이다. 그리고 농업 기반은 한번 붕괴되면 그 국가는 물론 세계적으로 식량 사정에 악영향을 초래하기 때문에 국가적으로나 세계적으로 보호 육성되어야 한다.

　그래서 많은 선진국들은 안정적인 식량 생산 능력을 확보하기 위해 안간힘을 쓰고 있다. 그 이유는 농업 생산성이 낮으면 공업의 발전 효과를 떨어뜨리고 강대국이 될 수 없기 때문이다.

　농업은 2차, 3차 산업의 기초산업이자 원동력이며, 식량자급은 국민의 자존심을 유지하기 위한 바탕이 되기 때문에 보호 육성되지 않으면 안된다. 그러기 위해서는 농민이 농사를 짓는 데 보다 힘이 덜 들게 도와줘야 하고, 생산된 농산물은 수지가 맞도록 정부와 국민 모두가 노력해야 한다.

　먹거리가 충분하지 못한 국가나 국민은 안보가 위태롭게 되고 국내외적으로 자존심이 망가지는 최대의 불행을 면할 수 없다. 그러므로 농업을 발전시켜 식량자급도를 높여 강대국으로부터의 식량 종속화를 면해야 비로소 진정한 독립국이요 선진국이라 할 수 있다.(157, 170항 참고)

39
불고기판의 탄 기름은 암을 유발할 수도

　불고기는 우리의 고유한 육식 형태로 갖은 양념을 넣어 구운 고기로 천연의 고기에서 느끼지 못하는 맛을 느끼게 하는 음식이다. 이는 육식문화에서 문제가 되는 지방을 제거해서 먹는 방법으로도 좋다.

　경제 수준이 향상되면서 외식의 횟수가 늘고 불고기를 먹는 기회가 점차 증가되고 있다. 그러나 맛있고 비싼 불고기를 먹고 나서 끝마무리를 잘못하면 오히려 독을 먹는 결과가 된다.

　불고기를 다 먹고 난 열판 안에는 고기를 굽는 동안 용출되어 나온 기름과 검게 탄 찌꺼기가 남아 있다. 이런 점조성 기름 중에는 소화가 안 되는 유지 중합체와 단백질의 흡수를 저해하고 세포의 노화(老化)를 촉진하며 효소작용을 억제하는 과산화물(過酸化物) 및 고기가 타서 생긴 환상아민과 같은 발암성 유해 물질이 많이 들어 있다. 이러한 유해물질의 생성량은 불고기의 조리 온도가 높고 조리 시간이 길수록 많아진다.

문제는 불고기를 먹는 사람이나 음식을 서빙하는 사람 모두가 불고기판에 고인 유해물질에 대해 잘 알지 못하고 있다는 것이다. 불고기를 다 먹을 때쯤이면 서빙하는 사람이 와서 '밥 비벼 드릴까요' 해서 '예' 하면 불고기를 구워 먹은 그 판에다 밥을 덥석 부어 비벼 준다. 이렇게 되면 불고기판 안에 들어 있던 유해물질이 밥과 뒤섞여 유해물질을 나누어 먹는 결과가 된다.

이러한 식습관은 오래 살고 건강해지려고 갖가지 건강식품을 사 먹거나 고운 피부를 간직하려고 값비싼 화장품을 발라 보는 노력과는 상반작용을 하게 된다.

따라서 불고기를 구워 먹고 난 후 각종 유해물질이 들어 있는 불고기판에 밥을 비벼 먹는 것은 위생적으로 백해무익한 건강 파괴 행위임을 알아야 한다.

40
·

편식이 가져오는 악영향

　균형(balance)이라는 말은 모든 인간사에서 적용되는 좋은 말인데 식생활에서는 더욱 그렇다.

　음식은 골고루 먹는 것이 좋다. 왜냐하면 어떤 식품도 한 가지 식품만으로 인간이 필요로 하는 영양소를 충족할 수 없기 때문이다. 즉 설탕엔 탄수화물이, 버터엔 지방이 함유되어 있고, 채소에는 무기질과 비타민은 많은 편이나 단백질과 지질이 적다. 그리고 육류에는 비교적 단백질과 지질 및 미네랄이 많지만 섬유소가 없다. 그러므로 어느 한두 가지 식품만을 먹는 편식은 영양의 균형을 깨뜨리는 바람직하지 못한 식습관이다.

　하루에 몇 가지를 먹어야 하는가를 간단하게 말하기는 곤란하지만 적어도 30~40여 가지의 식품을 먹어야 한다고 한다. 그러나 이와 같이 많은 종류의 식품을 한 끼에 다 먹도록 준비한다는 것은 실제로 불가능한 일이다.

　사람에게는 저장 능력과 항상성(homeostasis) 유지 능력 등이 있기 때문에 가능하면 매일 골고루 먹을 수 있으면 좋겠으나, 보통 그렇게 하기가 어려우므로 2~3일에 한번씩 또는 1주일에 한번씩은 먹어 주어야 영양적 균형 유지에 도움이 된다.

　식품 중에는 인간에게 유용한 성분과 무해한 성분, 또 유해한 성분이 있다. 그래서 편식으로 어느 한 식품만 많이 먹으면 체내에서 이용되지 못하고 화학물질로 남아 독작용을 나타내게 된다. 또 어느 식품이 좋다 하여 그것 한 가지만 많이 먹게 되면

독성분의 상호 상쇄적 작용의 한계를 넘어 유독물질의 배설이
안 되어 독성을 나타내게 된다.

그러므로 편식은 영양의 균형을 깰 뿐만 아니라 그 결과 건강
을 해치게 되므로 주의해야 한다.

41

포식 시대에 영양결핍이 일어나는 이유

현대를 가리켜 포식의 시대 또는 영양과잉 섭취 시대라고 한
다. 그러나 아직도 이 지구상에는 하루에 필요한 칼로리를 충분
히 섭취하지 못하는 사람이 많다. 이것은 그 국가의 국력 신장
에 결정적인 장애요인이 되고 있다. 그런데 이러한 현상이 빈국
에서만 있는 것이 아니라 아이러니컬하게도 선진국에서도 일어
나고 있다.

우리 사회도 포식의 시
대에 접어들었다고는 하
지만 하루 칼로리 권장
량인 2,100kcal의 75%에도
못 미치는 사람이 전체
인구의 7.7%나 차지한다
고 한다. 이러한 칼로리
부족의 주된 원인은 아
침밥을 굶고 출근하거나 맹목적으로 다이어트를 하기 때문이다.

인간의 영양대사에서 보면 섭취 칼로리가 필요량보다 적게 섭
취되면 저장 중인 신체 내의 지방이 칼로리로 소모된다. 이와
같이 칼로리가 부족하게 되면 다른 5대 영양소의 결핍이 동시에
일어나 건강이 점점 약화될 수밖에 없다.

식사를 거르게 되면 칼로리와 영양소 부족에 의한 영양 균형의 파괴가 일어나고 폭식으로 인한 식곤증과 비만의 원인이 될 수 있다. 또 청소년들에게는 소극적인 활동과 생장 억제로 나타날 수 있기 때문에 하루 세 끼를 다양한 내용의 식품으로 구성된 식사를 하는 것이 정상적인 생장과 활력 있는 활동 및 학습 능력 향상에 좋은 식생활 방식이라 할 수 있다.

수험생에게 고려되어야 할 영양

　과도한 스트레스가 지속되고 있는 수험생에게 적당한 휴식과 균형잡힌 영양 공급은 건강과 수학능력 향상에 매우 중요하다.

　수험생은 시간에 쫓기고 운동량이 부족한 반면 정신노동을 많이 하고 성장이 계속되는 시기에 있다. 그러므로 균형잡힌 식단을 활용하면서 에너지가 부족된 듯하면 소화가 잘 되는 음식을 규칙적으로 먹고 간식도 곁들이는 것이 좋다. 그래야만 심신의 조화를 이룰 수 있다.

　사람은 누구나 12시간 이상 공복 상태가 계속되면 육체적·정신적으로 피로가 가중되어 집중력이 떨어지게 되므로 특히 수험생들은 끼니를 거르지 않도록 노력해야 한다.

　일반적으로 수험생들은 운동량이 부족하므로 에너지 밀도가 높은 튀김이나 크림 등은 피하고, 저지방이면서 단백질, 무기질, 비타민이 풍부한 식품과 변비를 예방하는 섬유소가 많은 음식을 먹도록 한다. 이러한 음식으로는 우유나 유산 음료, 달걀, 과일, 채소 등이 있다. 그런데 많지는 않으나 우유와 달걀, 땅콩, 오렌지 등에 알러지 체질인 사람들은 이들 식품을 피하고 쇠고기보다는 소화가 잘 되고 두뇌활동에 좋은 비타민B$_1$이 많이 든 돼지고기가 좋다. 또한 소화성이 좋고 DHA가 많이 든 생선류도 괜찮다.

　그리고 수험생에게 있어서 소홀히 할 수 없는 영양소는 스트레스로 인해 많이 소모되는 단백질 섭취량을 일반 권장량보다

10% 더 섭취해야 한다는 것이다.

또한 수험생은 불안감이나 졸음을 제거하기 위해 각성제를 복용하는 경우가 있는데, 이것은 생리적 리듬과 집중력을 깨는 등 부작용이 있으므로 주의해야 한다. 졸음이나 긴장감을 해소하려면 과식을 피하고 규칙적이고 균형잡힌 식사를 함으로써 소화가 잘 되게 해 주면 된다. 그리고 기분전환에 도움이 되는 음료를 소량씩 마시는 것도 스트레스 해소의 한 방법이 된다.

규칙적이고 균형잡힌 식사야말로 수험생의 체력과 수학능력 유지에 가장 중요한 기초 공사임을 알아야 한다.

43
•

오늘 식사할 수 있다는 사실에 감사하자

사람들은 대개 하루 세 끼의 식사 행위의 고마움을 잊고 사는 때가 많다. 하지만 현실적으로 볼 때 식량이 부족한 지역이나 조난을 당해 먹을 거리를 얻을 수 없는 경우, 먹을 식품이 부패된 경우, 식중독을 일으킬 정도로 미생물이나 화학물질이 오염된 식품밖에 없는 경우, 흉년이나 전쟁으로 식량 공급이 중단되어 인간이 생명의 위협을 받아 기아의 유령이 나타날 가능성이 높다.

이런 의미에서 볼 때 우리가 하루하루 식사할 수 있다는 것은 참으로 다행스러운 일이다. 이런 관점에서 볼 때 식사를 하기 전에 우리는 식사할 수 있는 것에 대해 감사하는 마음을 가져야 한다. 행복은 만들어 느끼는 자의 몫이기 때문이다.

44
·

변비는 수험생의 적

일반적으로 수험생을 괴롭게 하는 것으로는 정신 산란과 잠, 소화불량, 감기 등이다. 그리고 또 한 가지 빼놓을 수 없는 것이 변비다. 이 변비는 커다란 스트레스 요인이 되고 있다.

변비는 운동량이 부족하고 잠이 적고 정신노동을 많이 함으로써 밥맛이 없어 채소를 적게 먹는 수험생들에게서 흔히 일어날 수 있는 질병이다. 현재 변비로 고생하는 사람들은 전체 인구의 약 10% 정도가 된다고 한다.

변비가 심하면 배설되어야 할 변이 장내에 오래 머물게 되고 그러는 동안 변이 장내 세균에 의해 부패가 일어난다. 이때 흡수되지 않은 식품 성분, 특히 단백질이 분해되어 각종 유독가스(수소, 인돌, 스카톨, 메탄가스)가 되면 이들 가스가 간으로 들어가 간을 해치고 머리를 아프게 하여 두뇌기능을 떨어뜨린다. 그러므로 변비는 질병의 원인이 되는 반면 쾌변은 건강의 기초가 된다. 변비는 섬유소가 적은 부드러운 식품(빵, 우유, 고기, 아이스크림)과 인스턴트 식품을 많이 먹고 운동이나 활동을 적게 하는 경우에 발생하기 쉽다.

이러한 변비를 예방하려면 섬유소를 많이 섭취함과 동시에 적당한 활동과 운동으로 장의 운동을 촉진시켜서 쾌변을 볼 수 있게 하면 된다.

섬유소가 많이 든 식품으로는 야채나 감자, 고구마, 사과 등의 육상식물과 김, 미역, 다시마, 우무 등의 해상식물이 있다. 섬유

소는 소화기관의 소화 효소로 분해되지 않는 비영양소이지만 정
장작용에 꼭 필요한 성분이다.

한방에서는 질경이 씨나 가루가 변비 해소에 도움이 된다고
한다. 요즈음 여러 가지 섬유 음료가 유통되고 있으나 전통 식
사를 하는 경우에는 섬유 음료를 음용할 필요가 없다. 변비를
예방하려면 아침을 거르지 말고 세 끼 식사를 규칙적으로 하며
인스턴트 식품으로 끼니를 때우지 말아야 한다. 변비와 비만 및
야간 식곤증을 막기 위해서는 아침은 많이 먹고 점심은 그보다
적게 그리고 저녁은 점심보다 더 적게 먹는 것이 효과적이다.
그 외에 수분 섭취를 많이 하고 아침에 물이나 우유 한두 잔을
마시는 것도 도움이 된다.

그리고 또 다른 예방법으로는 판도텐산이 중요한데 판도텐산
은 장의 연동운동을 촉진시키는 아세칠콜의 구성 성분이다. 판
도텐산이 많이 들어 있는 식품으로는 현미, 청국장, 간, 보리, 감
자 등이 있다.

일반적으로 섬유소가 많이 든 식품이 변비의 예방과 치료에
좋지만 과민성 변비일 경우에는 역효과를 낼 수 있다. 왜냐하면
과민성 변비(경련성)는 스트레스로 인해 대장이 경련을 일으켜
변이 내려오지 않는 경우이므로 이때는 섬유소가 많은 것은 오
히려 변비를 더 심해지게 하기 때문에 소화가 잘 되는 죽이나
두부, 찐계란 등이 좋다.

고도로 가공된 미식은 변비를 유발할 뿐 아니라 대장암의 원
인이 되기도 한다. 따라서 거친 음식을 먹는 것이 다소의 불편
함은 있더라고 변비에 걸려 고생하는 것보다는 몇 배 낫다는 것
을 생각하면서 음식을 먹어야 한다. 그리고 쾌변은 대장암·직
장암 등의 예방법이기도 하지만 생활에 신선한 카타르시스가 될
수 있다.

45
•

감기를 예방하려면

　감기는 수험생들의 공통적인 적이다. 감기에 걸리면 우선 정신적·육체적으로 컨디션이 나빠지고 두통이나 소화불량 등으로 수험생에게는 타격이 이만저만이 아니다. 이러한 감기는 수험생에게 큰 스트레스가 되어 의욕과 집중력을 많이 떨어뜨린다. 이러한 증상은 바이러스가 코 속의 부교감신경을 자극하여 혈관이 확장됨으로써 콧물이 나고 코가 막히는 것이다.

　감기 증상은 건강에 대한 하나의 적신호이다. 감기를 잘 다스리면 1주일 정도면 회복되나 과로나 스트레스, 영양실조 등으로 몸을 지치게 하면 합병증을 유발해서 건강을 나쁘게 할 수도 있다. 따라서 감기는 몸이 피로하니 좀 쉬라는 경고로 받아들이면 된다.

　감기는 다양한 감기 바이러스에 의해 일어나는데 이 바이러스는 온도와 습도에 영향을 많이 받는다. 대개 온도가 낮고 습도가 낮을수록 활발하다. 그래서 여름철 냉방에서는 감기 바이러스의 활동이 활발해진다.

　감기의 예방법으로는 규칙적이고 균형잡인 식사로 몸의 저항력을 강화해 주고 피로하지 않게 하며 체온관리를 잘 하면 된다. 또 생리적 식염수(식염 농도 1%)로 코와 목을 아침 저녁이나 외출 후에 씻어내면 효과적이다. 그리고 면역 요법으로 감기 예방 주사를 맞는 것도 있는데 대개 가을(10월)에 접종이 실시된다.

그 외에 감기에 잘 걸리는 사람은 냉수 마찰이나 건포 마찰로 살갗을 강하게 해 주는 것도 도움이 된다.

일단 감기에 걸리면 빨리 회복될 수 있도록 노력하는 것이 중요하다. 감기에 걸리면 과민하지 말고 그간 무리했으니 좀 쉬라는 생리적 신호로 알고 무리가 되지 않는 생활을 하도록 한다. 그리고 감기 초기에는 도라지나 들깨 등의 야채와 북어를 주로 먹고 후기에는 기력 회복과 체력 보강을 위해서 고기를 먹는 것이 좋다.

46
•

스트레스를 해소하는 방법

최근의 보고에 의하면 청소년 세 명 중 한 명이 우울증에 걸려 고통받고 있다고 한다. 요즈음 중·고등학생들의 자살이 급증하고 있는 것도 이와 관련이 많다.

이러한 우울증은 스트레스로 인한 것인데 스트레스는 단순 원인이기보다는 복합적 원인으로 일어난다. 이들에게는 학업 경쟁이나 가정적인 문제, 질병, 이성관계, 교우관계, 경제적 열등감 등이 스트레스의 요인이 된다. 이런 것들은 대부분 정신적으로 이겨낼 수 있는 것들이지만 복합적 원인을 자력으로 해소하거나 타인에 의해 해소할 수 있도록 인간관계가 형성되어 있지 않고 너무나 현실에 매이다 보면 일어날 수 있다.

이러한 스트레스의 해소책은 개인이나 가정, 학교, 사회의 계속된 과제로 여러 가지가 있으나 식생활로도 도움이 될 수 있다. 즉 고지방 고단백과 과식, 불규칙적인 식사, 편식 등을 피하고 간식을 많이 하지 않으면서 과일과 약간의 청량 음료나 소화가 잘 되는 간단한 스낵들을 먹으면 스트레스 해소와 에너지 보충

에 도움이 된다. 그러나 계속적인 커피의 음용이나 학생이 애용
해서는 안 되는 술과 담배는 역효과를 가져다 주므로 피해야 한
다. 그 외 대화의 상대를 찾아 대화를 나누거나 적당한 운동을
하는 것도 효과적이다.

　스트레스는 신과 빛만이 피할 수 있다. 적당히 이길 수 있을
정도의 스트레스는 오히려 긴장감을 주어 삶의 활력소가 될 수
있다. 그러나 감당할 수 없을 정도의 스트레스는 생활에 재미를
잃게 만들 뿐 아니라 질병의 원인이 될 수 있다.

47

수험생에게 많은 위궤양 예방과 치료 음식

적지 않은 수험생들이 위궤양으로 고생하고 있다고 한다. 위궤양의 주된 원인은 성인의 경우 담배와 스트레스, 자극성 음식 등인데 이들은 위벽의 점막을 손상시킨다.

위벽의 손상은 위벽을 보호하는 기능이 약화되거나 염산이 지나치게 많이 분비되는 데 기인한다. 이렇게 위벽 점막 손상이 일어나면 공복시에 속이 쓰리고 아프며 밤잠을 잘 이루지 못하게 된다.

이러한 위궤양이 수험생들에게 오는 것은 운동량이 적은 가운데 공부에서 오는 스트레스를 풀지 못한 채 계속 쌓이기 때문이다. 심하면 위출혈이 되기도 하기 때문에 주의해야 한다.

공복시 미지근한 물이나 우유를 마시면 염산이 희석되어 일시적으로 가라앉는다. 하지만 위궤양인 사람이 공복에 우유를 마시면 단백질과 칼슘 성분이 많아 단백질을 소화하는 펩신(단백질 분해 효소)을 활성화하고 칼슘을 중화시키기 위해서 위에서 자연적으로 염산 분비를 촉진시키게 되므로 위궤양을 악화시킬 수도 있다. 이처럼 위산은 음식에 따라 분비량이 다른데 대개 자극적인 음식과 청량 음료 및 고단백 식품 등을 먹을 경우 많이 분비된다.

그 외에 불안과 초조 등 정신적 스트레스, 커피 등이 위산 분비를 증가시키는 대표적 요인이 된다. 위 점막 보호기능(점액 분비와 중탄산염을 분비)을 약화시키는 것은 아스피린과 부신피질

호르몬, 소염 진통제, 정신적 스트레스, 담배 등이다.

따라서 위궤양 환자가 아니더라도 미리 예방을 위해서 과도한 스트레스를 피하고 자극적인 음식이나 커피, 담배 등을 금하는 것이 좋다.

48

청소년기에 소식 과신은 잘못

1960년대 이전까지만 해도 못 먹어 배가 고파서 고생을 한 사람들이 많았으나 1970년대 이후부터는 서서히 포식으로 비만이나 당뇨, 고혈압, 뇌졸중(중풍)의 발생률이 증가하면서 적게 먹는 식생활을 권장하고 있다.

그러나 소식이 만인의 건강을 위한 최선의 방법인 것처럼 주장하고 있는 것은 잘못이다.

청소년기에는 적게 먹고 적게 활동하는 생활보다는 다소 많이 먹더라도 활력 있는 생활을 하는 것이 더 바람직하다. 왜냐하면 한창 성장기에 있는 청소년 시절에 소식을 맹신하다가는 성인이 되어 후회하는 경우가 생길 수 있기 때문이다.

즉 일생에서 가장 영양소가 많이 필요한 청소년 시기에 잘못된 식생활로 영양이 부족되면 성장이 나빠져 키가 크지 않는다든지 신체기관이 건실치 못하여 건강에 문제가 생길 수 있다. 포식으로 인한 비만도 문제이지만 소식 맹신으로 성장에 장애를 받는 것도 큰 문제이다.

따라서 비만이 되지 않는 범위에서 충분히 먹고 활동적인 청소년기를 거친 다음 성장이 끝나는 대학 재학부터 소식에 대한 식생활 계획을 생각해 보는 것이 현명하다.

49
•

치아를 튼튼하게 하는 식생활

이빨은 소년기에 새로운 이가 나면 죽을 때까지 사용해야 한다. 그러므로 음식물의 소화를 돕고 식품의 선택에 기본 조건이 되는 건강한 이빨이야말로 건강한 사람을 만드는 기본 바탕이 된다. 뿐만 아니라 치아가 튼튼하지 못하면 치료 기간이 길고 치료비도 비싸기 때문에 건강한 치아를 지닌다는 것은 복받은 사람이라 할 수 있다.

특히 충치는 유아 및 어린이에게 심각한 문제로 우리나라 사람의 90% 이상이 충치를 앓고 있다.

충치의 제일 큰 원인은 당분이 많이 함유된 식품을 먹는 것, 그 중에서도 치아에 부착성이 큰 식품을 자주 먹게 되기 때문이다.

충치 유발 식품으로는 사탕과 과자류, 아이스크림, 엿, 과일 잼, 주스 등을 들 수 있고 반면에 신선한 채소와 과일을 먹으면 구강을 청정하게 하는 효과를 볼 수 있다. 그 외에도 충치 유발 요인으로 체질의 산성화에 영향을 주는 고인산식품, 즉 각종 청량 음료와 햄, 소시지 등을 자주 먹게 되면 치아가 나빠질 수 있다.

따라서 치아를 튼튼하게 유지하기 위해서는 식후나 잠자기 전에는 꼭 양치질을 하고 뼈를 약화시키는 고인산 식품을 피하는 반면 치아를 강하게 해 주는 칼슘이 많이 든 멸치나 우유 등을 적당히 섭취하는 것이 좋다.

식품 알레르기

알레르기는 어떤 특정 물질에 지나치게 예민해서 그 성분이 몸에 접촉되거나 섭취하면 두드러기나 멀미, 배앓이, 설사, 재채기, 콧물, 천식 등이 유발되는 생리적 반응 증상을 말한다. 좀더 자세히 말하면 외부에서 어떤 해로운 물질이 들어오면 이에 대항할 항체가 생기고 이 항체가 다시 외부에서 들어오는 물질과 결합해서 이상물질을 만들어 이상반응을 일으키게 된다. 이런 항체는 이롭지 못한 항체로 면역 계통에 이상이 생겼을 때 일어나기도 하고 체질이 바뀔 때도 일어난다.

알레르기가 모든 사람에게서 일어나는 것은 아니다. 그러나 정도의 차이는 있지만 거의 모든 사람들이 알레르기에 걸릴 수 있는 체질적인 잠재성은 가지고 있다.

몸에 쓸데없이 항체를 갖게 해서 알러지 반응을 일으키기 쉬운 잠재성이 높은 식품으로는 치즈, 피자, 버터, 아이스크림, 애완동물의 털, 먼지, 진드기, 매연, 약물 등을 들 수 있다. 그 외에도 우리가 쉽게 접할 수 있는 고등어와 복숭아, 돼지고기, 땅콩, 오렌지오일, 우유, 달걀 등에서도 사람에 따라 알러지 반응이 일어나는 수가 있다.

따라서 시험 보는 날에는 평소에 먹지 않던 음식을 먹는 것보다는 즐겨 먹던 것을 먹는 것이 알러지 증상을 예방하고 시험 결과를 좋게 하는 데 도움이 된다.

51
•

밥상에서 배웠던 우리의 질서 유지 교육

대가족 시대에 밥상은 질서와 분수와 예절을 알게 하는 교육의 장이기도 하였다.

옛적에는 밥상 앞에 앉는 순서가 있었는데, 제일 어른은 아랫목에 앉고 그 맞은편엔 큰아들이 앉고, 나머지 양편으로는 둘째, 셋째가 앉게 되어 있었다.

또 밥상에는 자기 몫의 밥과 공용으로 먹는 반찬이 있고 대개 한가운데에는 함께 떠 먹는 찌개가 놓인다. 이 찌개는 어른이 간과 온도를 보기 위해 먼저 시식을 해야 나머지 사람들이 먹는 게 상례로 되어 있다.

여기서 재미있는 것은 밥은 으레 자기 몫이기 때문에 찌개를 많이 먹는 것이 실속 있는 일이나, 어려서부터 찌개에 수저가 자주 가면 어른에 대해 불경스런 행위로 지도받게 된다. 그리고 때로는 자제력 없이 맛있는 음식에 다른 형제보다 젓가락이 자주 가면 싸움이 나기 때문에 대가족제도 하에서 살아온 세대들에게는 밥상에서부터 타인과의 보조를 맞추는 기술을 터득하게 된 것 같다.

또한 공용으로 먹는 반찬을 집을 때는 수저를 깨끗이 해야 하는데, 만약 실수로 밥이 묻은 수저로 온 식구들이 음식을 먹으면 비난을 받게 되므로 청결의 미덕도 배울 수 있었다.

이런 이야기는 핵가족 세대와 아파트 세대에게는 맞지 않는 이야기일 것 같다. 왜냐하면 둥근 식탁에서 식사를 하니까 아랫목이 없게 되고 또 좀더 먹기 위해 눈치를 보는 것이 아니라 더 먹어라는 말을 할 정도니까 말이다. 그러나 이기주의적이고 타산적으로 살아가는 신세대들은 옛날의 밥상 예절을 음미해 볼 필요가 있다.

52
•

농민을 사랑하고 농업을 발전시키자

농업 발전의 필요성은 아무리 강조해도 지나치지 않는다. 그것은 농업의 발전 없이는 국방이나 과학, 문화, 정치 등이 모두 사상누각에 불과하기 때문이다.

먹거리를 자급하지 못하는 나라치고 선진국이 된 나라는 없다. 미국이나 독일, 영국, 프랑스, 스위스 등의 나라를 보면 이들은 식량을 자급한 나라이며 공업도 성공한 나라이다.

1997년 당시 우리의 식량자급도는 25.6%였다. 그러면서도 중진국을 넘어 선진국에 진입했다고 떠들며 10,000불 시대가 왔다고 돈과 권력을 가진 자들은 세계를 누비며 달러를 뿌려댔다. 그 결과 우리 국민은 을사보호조약 이후 또 한번의 국치를 당하는 IMF 체제 하의 국민이 되고 말았다. 이로 인해 수많은 기업들이 외국자본에 의해 사냥되고, 일자리를 잃은 가장들은 하루에도 수십 명씩 가출하거나 병져 눕거나 자살 소동을 벌이고 있다.

이제 우리는 거의 100억불(약 13조 원)에 가까운 식량을 수입에 의존하고 있다. 이렇게 막대한 식량을 수입하면서도 별로 마진이 없고 공해로 국토를 오염시키는 공업만 육성하다 보니 먹거리를 수입에 의존하여 먹거리가 만성적으로 부족한 거지나라나 다름없게 되었다. 사실 우리의 식량 사정은 나쁜 정도가 아니라 위기의 상태이다.

물론 현대 농업에서는 농기계를 움직이거나 농약과 비료를 사용하는 데 다소의 달러가 들지만, 농업처럼 우리 국민에게 순이익을 많이 내는 사업도 없다. 그러므로 식량정책도 원점으로 돌아가 한 치의 땅이라도 식량을 생산하는 데 쓰도록 노력하고 비식량 작물을 점점 줄여 나가야 한다.

농업정책은 선거를 의식한 정책이어서는 안된다. 정부는 우리

나라의 식량 사정과 그 실태를 국민에게 이해시키고 비식량 작물을 재배하는 농지는 가급적 줄여 나가는 정책을 써야 한다. 예를 들어 골프장 같은 것은 식량을 자급할 때까지 밭이나 논으로 전환해야 한다.

우리 농업 발전의 암적인 문제는 밭을 기계화에 걸맞게 대단위로 경지정리를 하지 못하는 데 있다. 그것은 사유재산이 보장되어 있기 때문이다.

그런데 남한은 그렇다 치더라도 통일 전에 북한의 모든 밭을 기계화에 알맞게 대단위 경지정리를 해서 경지정리 비용을 줄이고 통일 후에는 우리 민족의 밭작물 재배 기지로 육성하는 것이 바람직하다고 생각한다.

면역력을 떨어뜨리는 생활

모든 생물은 그의 종을 유지하고 연속시키는 과정에서 많은 병균과 해충의 공격을 받기도 하고 여러 가지 물리적인 상처를 받지만, 자체가 가지고 있는 다양한 면역작용에 의해서 예방 치료되어 건전한 상태를 유지하게 된다.

사람도 역시 많은 종류의 병균이나 해충 및 각종 물리적인 상처를 받으나 신체가 가지고 있는 면역력에 의해서 질병으로부터 보호된다.

흔히 드는 감기나 불치의 암, 알러지 증상, 각종 감염성 질병 등 모든 병은 자가면역력 감소와 신진대사의 부조화에서 온다.

그래서 건강한 가운데 오래오래 살기 위해서는 자가면역을 유지하거나 강화해야 한다는 주장이 설득력을 가지게 되었다.

그러나 건강은 강화하는 것보다는 지켜야 하는 원리처럼 요즈음 건강에 관심이 있는 일반인이나 전문가들은 면역력을 유지하고 약화 요인을 최소화해야 한다는 주장을 하고 있다.

우리의 일상생활은 자가면역력을 약화시키는 여러 인자에 노출되어 있다. 산업이 발달하고 사회구조가 다양화되고 사회 분위기가 이기적으로 변화하면서 많은 종류의 자가면역력 감소 요인이 증가하고 있다.

따라서 건강한 가운데 장수하기 위해서는 자가면역 보호에 각별히 신경을 써야 한다.

자가면역 보호를 위해서는 우선 오염되지 않은 물과 공기를 마실 수 있는 깨끗한 환경을 구비해야 하고, 방부제나 유해 인공색소 등을 넣은 가공식품과 농약이나 각종 산업폐기물로 인한 유해물질에 오염된 식품들을 피하는 것이 좋다. 그리고 과식, 편식, 지나친 지방 섭취, 특히 포화지방산의 과다 섭취는 물론 변질된 지방을 피해야 한다. 또한 지나친 긴장감이나 불안감, 분노 등으로 인한 정신적 스트레스도 면역력 약화의 한 요인으로 작용하고 있다.

이러한 것 외에 자가면역을 보호하기 위해서는 안정된 사회 분위기와 매사를 긍정적으로 생각하고 창의적인 활동을 하는 삶을 살도록 노력함과 동시에 자기의 마음을 다스리는 능력을 기를 필요가 있다.

다시 말해서 균형잡힌 음식을 섭취하면서 가정적으로나 사회적으로 늘 넉넉한 마음과 안정된 사회적 분위기, 그리고 적당한 활동과 규칙적인 유산소성 운동, 무리없는 생활을 함으로써 우리 몸의 자가면역력 약화를 방지하고 건강한 삶을 사는 데 도움이 된다는 것이다.

54
•

신김치는 좋은 보호자

김치를 담아 놓으면 자연히 숙성되는데 숙성 속도는 온도에 따라 차이가 있다. 이때 여러 가지 이화학적인 변화가 일어나는데 그 중에서 두드러진 변화가 바로 각종 유기산 발효이다. 여기서 생기는 유기산으로는 젖산을 비롯하여 구연산, 식초산, 프로피온산, 수산 등 다양하다.

김치를 먹을 때 신김치를 싫어하는 사람이 있는가 하면 좋아하는 사람이 있다. 이때 신맛의 정도는 유기산 함량과 관계가 있다.

이들 유기산은 우선 김치의 맛에서 청량감을 느끼게 하고 침의 분비를 촉진하여 소화를 돕는 기능 외에 각종 식중독 세균에 대하여 강력한 항균력을 나타내는 기능이 있다.

잘 숙성된 김치에는 식중독균이 없기 때문에 숙성된 김치를 먹고 식중독이 일어나는 경우는 없다. 왜냐하면 김치에는 젖산을 생성하는 젖산균이나 식초산을 생성하는 식초산균과 같은 유익한 균은 존재하지만 식중독을 일으키는 살모넬라균이나 포도상구균 또는 장염 비브리오균과 같은 세균의 존재는 허용이 안되기 때문이다. 그래서 잘 익은 김치 조각을 넣어 김치볶음밥을 만들거나 전을 붙이거나 만두 속을 해서 조리하면 식중독 발생 위험을 줄일 수 있다.

도시락 반찬을 넣을 때도 다른 반찬과 신김치 조각을 함께 그릇에 같이 넣으면 식중독균이 오염된 반찬이라도 김치 중에는

휘발성인 식초산이 반찬 틈을 속속 돌아다니면서 표면에 붙어 있는 식중독균을 살균하게 되어 도시락의 식중독 발생 위험률을 줄일 수 있다.

또한 김치의 신맛을 느끼게 하는 유기산은 김치찌개를 만들 때 넣은 고기맛을 꼬독꼬독하게 하는 효과도 있다. 그러므로 고기나 생선찌개를 만들 때 김치찌개용 김치는 약간 신맛이 날 정도로 숙성된 김치가 적격이다.

그러나 신김치는 금속성 용기를 쉽게 부식시키고 용기에 있는 불용성 성분이나 유독물질을 쉽게 용출시켜 맛이나 위생적으로 불리한 결과를 내는 단점도 있으므로 가급적이면 유리나 자기

그릇에 보관하는 것이 좋고 조리할 때는 가급적 짧은 시간에 하는 것이 좋다.

　아무튼 김치는 영양공급 식품이면서 식중독으로부터 국민의 보호자 역할을 하고 있는 점에서 자랑할 만한 전통식품이다.

건물이나 자동차 안전 못지 않은 식생활 안전도

그 나라의 위생 수준이 곧 그 나라의 국력과 비례한다는 말을 자주 듣는다. 식품의 안전도는 대형건물의 안전도 못지 않게 중요하다. 우리 국민의 안전의식은 대체적으로 낮은 편이다. 어떻게 보면 식품의 안전의식 결여는 삼풍백화점이나 성수대교 붕괴 사고보다 더 큰 손실을 가져올 수 있다. 왜냐하면 군대나 병원, 급식학교의 식당에서 식중독 사고가 일어난다면 수십 명 내지 몇천 명이 일시에 식중독으로 피해를 볼 수 있기 때문이다.

어떤 이들은 인명은 재천이니 뭐니 하면서 음식을 좀 가려 먹으려는 사람을 비웃거나 까다롭다거나 우습게 생각하곤 한다. 과음하고 실수하는 것을 남아로서 할 수 있는 일이라고 합리화하기도 하고, 신입생 환영회나 신입사원 환영회 때 술로 골탕을 먹이는 것을 당연한 것으로 생각한다. 상관이 마시라면 사양 않고 마시는 사람을 인간적으로 된 놈이라고 생각하는 풍토가 만연돼 있다. 이는 우리 사회를 알코올 의존형 사회로 만들 뿐 아니라 사람들의 건강을 멍들게 하고 가정을 파탄시키고 사회 발전을 마비시킨다.

그리고 운전할 사람한테 한잔하고 깬 뒤에 가라는 식의 무책임한 음주문화로 인해 많은 사람들이 교통사고로 목숨을 잃고 있다. 그런가 하면 여름철 장염 비브리오 식중독이나 비브리오 패혈증 식중독 사고가 발생하고 있는데도 바다 회를 먹고 목숨을 잃는 사람들이 비일비재하다.

　단체 급식소에서 영양사 없이 식사를 제공하는 일, 위생의 사각지대인 거리식품에 대한 정부의 무관심, 대중음식점에 대한 행정 관청의 형식적인 위생검열 등은 삼풍백화점 못지 않은 대형사고를 불러일으킬 가능성이 있다.

　식품의 안전도는 그 사회나 가정의 문화 수준과 직결된다는 것을 명심해야 한다. 인명은 재인(在人)인 경우가 많으니 올바른 음식 선택으로 건강을 지킬 줄 아는 지혜가 필요하다.

　한 가지 덧붙이고 싶은 것은 청소년기에 크고 작은 회식 준비를 하는 경우가 있는데, 회식 준비 책임자는 위생적인 음식점을 선택해서 식사의 안전도를 확보하는 것이 행사 준비 항목 중 가장 중요하다는 것을 유념해야 한다.

56

순간의 잘못된 선택이 저승길을 택하기도

　현재의 식생활 형태는 예전과 많이 달라졌다. 과거에는 식사를 주로 집에서 해결했고 외출을 할 때도 도시락을 준비했었다. 그런데 요즈음은 아침 한 끼 대충 먹고 나가면 점심·저녁은 매식으로 끼니를 해결하는 경우가 많다. 물론 메뉴가 다양해서 먹고 싶은 음식을 선택해서 먹는다는 점에서는 좋지만 외식에는 언제나 위생적 허점이 따라다닌다는 것을 잊지 말아야 한다.

　식품 선택에서 양이나 값보다 더 중요한 문제는 위생적인 안전도이다. 왜냐하면 장수할 수 있는 사람이 음식을 잘못 선택해서 먹고 저승으로 간다는 것은 고도의 의료 혜택을 받을 수 있는 현대엔 불행한 운명이지 않을 수 없다.

　필자가 알기로 1990년대 중반에 능력 있는 J대학 총장이 피조개를 먹고 사망한 사건이 있었고, 위생면에서 일가견이 있는 익산시 C모 한의사도 복어탕을 먹고 할 일을 많이 남겨 둔 채 세상을 떠나고 말았다.

식중독을 일으키는 대부분의 세균성 식중독균은 신맛이 나는 음식에서는 생육이 불가능하므로 신음식을 먹고 식중독으로 고생하는 경우는 거의 없다. 반면에 신맛이 없는 중성식품에 식중독균이 오염되면 곧 위험한 식품이 될 수 있다.

또한 우리 풍습에서 빼놓을 수 없는 초상집의 음식은 여러 면에서 취약점이 많다. 그리고 더운 여름철에는 미생물이 생육하는데 알맞은 습도와 온도 때문에 쉽게 변질되고 식중독균의 번식도 빨라 오래 방치된 식품은 안전도가 떨어지므로 냉장·냉동 보관이 필요하고 가급적이면 먹기 바로 전에 가열 조리한 음식을 선택하는 것이 좋다.

여름철에 해산 어패류를 날것으로 잘못 먹으면 비브리오 패혈증에 걸려 사망할 우려가 있고, 맛있다고 하여 의심스러운 복어를 먹는 것은 매우 위험한 일이다.

따라서 건강을 지키기 위해서는 음식 선택시 아무리 맛있고 영양이 좋아도 일반적인 취약성이나 취급상의 취약점, 계절적 취약점, 장소나 취급자의 취약점 등을 고려해야 한다.

57

값비싼 한약 달이기 잘못하면 허사

웬만큼 사는 가정의 청소년치고 일년에 한두 번쯤 개소주를 안 먹어 본 사람이 거의 없을 것이다. 그리고 휴대하기 쉽고 먹기에 편리해서 각종 과일즙도 개소주집에서 내려 먹을 정도이다.

개소주는 경제 사정이 좋아지고, 건강에 대한 관심도가 높아지고, 주문자의 의도대로 만들 수 있고, 또 자기가 직접 구입한 재료로 질 좋은 보약을 복용하려는 사람들이 있는 한 더욱 이용도가 높아질 것이다. 그런데 이 개소주는 내리는 조건에 따라서 위생적인 문제가 생길 수 있다.

지난해 가을 아내가 금년 호박으로 집 근처 개소주집에서 호박즙을 만들어 왔다. 보기에 색이 흙갈색이고 맛있게 보였다. 그런데 막상 맛을 보니 호박 냄새는 간데없고 누른 냄새가 진하게 느껴졌다. 그러나 아내가 해다 준 것이라서 아무 말도 못하고 가족과 함께 그럭저럭 먹어치웠다.

그 후 2주일쯤 지나서 아내가 다시 호박개소주를 하러 간다기에 지난번에 맛이 이상한 것도 있고 모처럼 아내와 짧은 데이트도 할 겸 해서 아내와 함께 개소주집을 가 보았다. 가서 보니 이미 다른 주문자들이 주문한 여러 가지 개소주가 만들어지고 있었다. 압력솥에서는 증기가 푹푹 솟고 있어 옛날에 타 보았던 증기기관차를 연상케 했다.

우리 차례가 왔다. 역시 지난번처럼 압력솥에 넣고 개소주를 내리려는 과정에 들어섰다. 모든 재료를 넣고 뚜껑을 닫고 나사를 조이기 시작했다. 그런 후 압력을 조절해야 하는 단계가 없이 곧바로 불이 들어갔다. 음식을 조리할 때는 조리 온도와 시간이 중요한데 그런 과정이 없는 것이 의심스러워 옆의 압력솥을 보았더니 압력게이지의 바늘이 165℃(3kg/㎠)를 가리키고 있었다. 이 온도는 튀김 온도이다. 혹시 이중 안경을 끼고 있어서 착시(錯視)가 생긴 게 아닌가 싶어 안경을 다시 고쳐 쓰고 보아도 그러했다. 순간 지난번 탄 듯한 호박개소주가 생각났고 호박 냄새가 없어지고 누른 냄새가 난 이유를 알게 되었다. 그래서 주인한테 어느 개소주나 다 이렇게 하느냐고 물어 보았다. 그러자 주인이 그렇다고 했다. 더욱 놀라운 사실은 가열 시간이 짧게는 4시간, 길게는 24시간이나 가열한다는 이야기를 듣고 이것은 큰 문제구나 하는 생각이 번뜩 들었다.

한약이나 보약을 개소주 내릴 때는 유효 성분을 효율적으로 우려냄과 동시에 우선 소화 흡수가 잘 되어 약효가 나도록 적당한 온도와 조리 시간을 설정하는 것이 중요한데, 이러한 조건을 취하고 있는 개소주집이 현재 얼마나 될까 의심스럽다.

160~170℃의 온도는 튀김할 때 사용하는 고온이다. 이런 온도에서는 약 성분이 거의 타거나 다른 성분과 결합되거나 분해되어 약효를 내기보다는 유해성 물질이 생길 수 있다. 이러한 한약은 오히려 해가 된다.

과거에는 약탕기에서 약을 추출해 먹을 때 100℃가 넘지 않았고 1~2시간으로 끝냈기 때문에 물이 졸아져 타지 않는 한 고온에 의한 약효 손실이 적었다고 볼 수 있다. 그런데 압력솥을 사

용한 개소주식으로 한약을 다릴 경우 압력과 시간에 따라 약효
에 큰 차이가 있을 것이며, 지나친 온도에서 장시간 추출하게
되면 약효는 고사하고 유해물질이 많이 생기는 결과를 피할 수
없다.

　문명의 이기는 사용 방법과 조건에 따라 우리에게 유익하기도
하고 유해하기도 하는 양면성이 있다. 지나친 가열은 음식 조리
에서나 한약을 달일 때 돈과 시간을 버리고 독을 만드는 우를
범할 수 있다.

　따라서 보건 당국은 국민의 건강과 식량 자원의 효율적인 이
용을 위해서 하루 빨리 개소주 탕제소의 운영 실태를 파악하여
고온 장시간 개소주 제조가 이루어지지 않도록 계도해야 할 것
이다.

58
·

건강이나 질병의 인과응보

　건강은 선천적인 건강과 후천적인 건강이 합쳐진 것이다. 그러
나 선천적으로 아무리 좋은 건강을 타고났다 하더라도 후천적으
로 건강관리가 소홀하면 망가질 수밖에 없다. 반면 다소 선천적
으로 약한 체질을 타고났더라도 건강관리를 잘하면 건강한 삶을
누릴 수 있다. 다시 말해서 건강에도 인과응보의 진리가 있다는
것이다.

　과음하는 사람은 건강을 해치거나 교통사고의 과(果)를 범할
수 있고 과식은 비만이나 각종 성인병이라는 과(果)를, 또 편식
하는 사람은 허약이라는 과(果)를, 거짓되고 나쁜짓은 정신적 스
트레스로 인한 각종 질병의 과(果)를, 지나친 운동과 성생활은
역시 수명을 단축하는 과(果)를 피할 수가 없게 된다. 좋은 것이

라도 지나치면 해가 된다. 식사는 식량의 70% 정도가 적당하고 운동도 할 수 있는 능력의 70%가 적당하다.

　그러나 선천적으로 건강이 다소 나쁘더라도 꾸준히 적당한 운동과 균형잡힌 식생활을 하고, 지혜롭게 먹거리를 선택하고, 과음하지 않고 흡연하지 않고, 거짓된 생활과 나쁜 일을 하지 않는 즐거운 마음으로 생활한다면 건강의 좋은 인(因)의 씨를 심을 수 있게 된다. 이렇듯 건강의 인과는 자기 자신의 문제임을 명심하자. 그러므로 건강하게 살기 위해서는 충실한 좋은 벽돌을 쌓아 튼튼한 집을 짓는다는 마음으로 꾸준히 건강의 인을 심어 나가야 한다.

59
•

사냥 고기의 맹점

외식을 하려고 식당가에 나가 보면 참새에서부터 비둘기, 청둥오리, 산토끼, 꿩 등 자연산 동물 고기가 마치 보약이나 최고의 음식이라도 되는 양 선전하고 있는 식당이 눈에 띈다. 그런데 그런 야생 조수류는 포획하는 방법에 따라 건강에 해로울 수가 있다.

이들을 포획하는 데는 덫이나 독극물이나 사냥총을 사용한다. 덫을 이용해서 잡을 때는 납의 오염이 전혀 문제되지 않으나 사냥총으로 사냥한 경우에는 납이 오염될 가능성이 높다. 사냥총의 실탄은 대개가 납으로 되어 있다. 이 납알이 여러 개가 산탄(散彈)식으로 동물체에 박히거나 관통되는데 박힌 것을 제거한 것이라도 납 성분이 근육이나 뼈에 남아 있게 된다. 더욱이 근육에 박힌 것을 모르고 납탄이 들어 있는 상태로 가열, 조리하면 국물이나 고기 조직에 납 성분이 남을 수 있다.

한때 수입 육류 중에 납알이 박혀 있는 것이 확인되어 문제가 되었고, 이제는 방사선 검사를 하여 수입 고기의 안전도를 높인다는 보고를 보아도 우리의 개인 건강을 위해서 납의 문제에 관심을 가질 필요가 있다. 최근 중국으로부터 수입된 참새 근육 중에 다수의 납알이 발견되어 문제가 된 적도 있다.

납에 중독되면 적혈구의 수명이 단축되고 적혈구의 생합성을 저해하며 심한 빈혈 등 무서운 건강 장해를 일으킬 수 있다. 그러므로 납의 처리가 잘 안 된 야생 조류는 보식이 되기보다 오히려 해가 됨을 알아야 한다.

한편 과거에는 청둥오리나 꿩, 산토끼 등 야생동물을 잡는 데에는 맹독성인 청산가리를 사용하는 경우가 많았다. 이렇게 독극물로 잡은 동물의 조직 속에는 유독 성분이 잔류할 가능성이 크다. 지금은 이러한 독극물로 잡는 경우는 드물지만 그렇다고 백퍼센트 믿기도 어렵다.

따라서 야생 조수류는 국내에서 사냥이 제한되어 대부분이 수입된 것이기 때문에 야생동물 호식가들은 먹기 전에 죽은 식용 야생동물의 위생성에 주의할 필요가 있다.

실제로 많은 양의 야생동물이 유통, 소비되고 있는 현실을 감안할 때 정부는 죽은 야생동물이 유통되기 전에 위생적 안전성을 확인하는 제도적 장치를 마련해서 실행할 필요가 있다.

60

알레르기 체질을 개선하는 식품

우리나라 사람들의 약 15~20% 정도가 알레르기성 질환을 가지고 있다고 한다. 알레르기 체질에 대한 정체는 아직도 확실하지 않으나 일단 면역체계의 이상에서 오는 과민성 체질이라 할 수 있다. 알레르기성 질병은 오늘날처럼 발달된 현대의학으로도 일거에 완치하기 힘든 병 중의 하나이다. 그렇기 때문에 별의별 약이 많기도 하다.

우리 주변을 보면 알레르기 증세를 호전시킨다는 과학적으로 검증이 안 된 갖가지 비방이 난무하고 있다. 그 중의 하나가 알레르기 체질을 예방, 치료할 수 있다는 건강 보조식품이다.

그런데 이러한 건강식품 치고 비싸지 않은 것이 없다. 무려 수십만 원을 호가하는 것도 있다. 그러나 알레르기로 오랫동안 고생한 사람들에게는 마치 물에 빠진 사람이 지푸라기라도 잡으려는 것과 같은 심리가 있다. 이런 심리를 악용해서 건강식품 판매자들은 의사나 약사의 처방 없이 무조건 복용하면 낳는다는 선전과 동시에 다량을 복용하도록 권한다.

이러한 고가의 체질개선 식품은 원가의 수십 배가 되는 것도 있다. 문제는 값은 고사하고 돈은 돈대로 쓰고 병은 병대로 악화시키는 경우도 있다는 것이다. 그렇다고 모든 알레르기 예방 치료약이 다 그런 것은 아니다.

알레르기는 불치병은 아니나 난치병인 경우가 많다. 아마도 알레르기 체질이 되는 데는 여러 요인이 복합적으로 작용하게 되고 동시에 많은 시간의 경과로 생긴다고 본다. 그렇기 때문에 회복되는 데 걸리는 시간은 나빠지는 데 걸린 시간의 몇 배나 더 걸려야 된다. 게다가 나빠질 수밖에 없는 이유를 알 수도 있지만 원인을 모르는 환경으로 고정되어 있는 경우가 많기 때문에 치료가 매우 늦거나 어렵게 되는 것이 아닌가 싶다.

알레르기 체질을 개선하기 위해서는 다음과 같은 문제점이 없었는가 검토해 볼 필요가 있다.

장시간 스트레스를 받는 요인은 없는지, 화를 내게 하는 원인은 없는지, 반복되는 유해물질에 접촉되는 일은 없는지, 평소에 어떤 식품을 먹었을 때 기분이 나빠진 않았는지, 또 힘이 빠지는 느낌을 주는 음식은 없는지 등을 생각해서 이런 요인을 제거하거나 최소화할 필요가 있다.

동시에 개인적으로는 느긋한 마음과 스트레스를 자연스럽게 해소하고, 규칙적인 운동과 주변 환경을 청결하게 하고, 몸이나 컨디션에 이상을 주는 음식을 피하고, 담배 연기나 고기 굽는 연기를 마시지 말고, 모기향이나 불연기를 피하고, 복식호흡을 생활화하면 알러지 예방과 치료에 도움이 된다.

공기가 나쁜 지하다방이나 노래방, 연돌로 배기되지 않는 난롯불을 피우는 곳들은 피하고 또 먼지나 배기가스가 많은 곳도 피하는 게 좋다. 그리고 늘 즐거운 마음을 갖도록 한다.

61

소식을 하면 장수한다는데

무병장수는 인류의 공통된 염원이다. 요즈음 우리의 식생활 상황은 1960년대 이전에 만연된 영양실조를 넘어서 어느덧 포식의 시대에 접어들었고, 심지어는 건강을 위해서는 과식이 좋지 않다는 말까지 나와 격세지감(隔世之感)을 느끼곤 한다.

일상생활에서 적량 섭취와 과식은 건강을 유지하는 데 상반된 결과로 나타난다는 것이 역학 조사에서 나타나고 있다. 동물 실험이나 장수하는 사람들의 식생활에 대한 조사에서도 그렇다. 절식은 혈중 콜레스테롤치도 낮게 하고 혈당과 인슐린치도 안정되게 하며 세포 손상과 암을 일으키는 유리기(遊離基, 주로 활성산소)도 적게 한다. 일상의 모든 면에서 적량 생활을 하기란 어렵지만 특히 건강을 위해서는 적량 섭취가 꼭 필요하다.

잦은 외식과 과식이 일상화된 데다가 활동이나 운동량이 적은 현대생활에서 적량을 섭취하려는 노력은 참으로 중요하다. 우선 과식을 하게 되면 열량이 지방으로 변하여 비만을 유발하고, 그 비만으로 인해 비전염성 질환이라고 하는 당뇨병과 심혈관계 질환 및 암 유발률이 높아진다. 특히 동맥경화와 뇌졸중, 관절염 등의 질병 유발률을 크게 증가시키는 요인으로도 알려져 있다. 이렇게 과식으로 인해 생기는 병에는 약도 드물고 치료에도 장기간을 요하는 경우가 많아 오히려 건강하게 장수하는 데는 역효과(adverse effect)를 가져다 준다.

우리 민족은 원래 영양 밀도가 낮은 식물성 식품을 주로 섭취해 왔기 때문에, 영양 밀도가 높은 동물성 식품을 주로 섭취하고 있는 서구인에 비해 위도 크고 장도 긴데 최근에 동물성 식품의 소비가 늘고 있어 문제가 되고 있다. 그래서 식생활에서의 식사량도 문제이지만 특히 음식 중에 들어 있는 열량이 높은 기름기가 더 큰 문제이다. 그러므로 식생활에서 양보다 질에 신경을 써야 한다.

결론적으로 장수학을 연구한 학자들이 실시한 동물 실험과 장수자들의 식사량을 조사한 결과에 의하면, 장수를 위한 식사량은 정량의 30~40%를 줄여 먹는 것이 좋다고 한다. 필자의 견해로는 이러한 소식(小食)은 식량 사정이 다르고 식사 구성이 다른 모든 사람과 국민에게 일률적으로 적용하기에는 무리가 있다는 맹점도 있으나, 성장기를 넘긴 사람들이 평소 식량의 20~30% 정도 줄이는 것은 개인의 건강을 위하고 나아가서는 국가의 식량 사정을 호전시키고, 식량이 부족하여 기아 상태에 있는 사람들을 위해서도 하나의 선행(善行)이 된다고 본다.

소식은 체중 감소 방법에서 운동보다 효과적이고 무리없는 방법이긴 하지만 그렇다고 균형이 안 된 식사로 소식하게 되면 영양실조에 걸리기 쉽다. 그 중에서도 특히 비타민이 부족되기 쉽다. 따라서 소식할 때 중요한 키포인트는 영양소가 균형 있게 갖추어진 식사를 소식하는 지혜가 필요하다.

62
·

육식 반대, 과연 옳은가

먹거리 사정이 좋아지고 선택적 식생활이 보편화되고 있으나, 도리어 포식시대가 도래함으로써 성인병 발병률의 증가 추세라하는 측면에서는 육식의 유무해론이 심심찮게 거론되고 있다.

일반적으로 육식을 좋아하던 사람들 중에는 육식을 금식해야 한다는 생각이 이상구 박사의 강연 영향으로 크게 확산되어, 고기를 갑자기 먹지 않아 건강에 지장을 초래하는 부작용도 많았으나, 이제는 어느 정도 상식을 가지고 생각하는 진정 단계에 접어들고 있다. 좋아하던 육식을 단식하다 보니 힘을 써야 하는 사람들은 힘이 빠져 생활이 안 되고 축산 농가는 축산물 소비의 증가로 큰 어려움을 겪게 되었다. 육식을 지나치게 많이 하는 것도 문제지만 전혀 안하는 것도 문제가 된다.

인간은 육류와 식물성 식품을 조화롭게 먹고 살도록 신체구조나 효소체계가 이루어져 있다. 사람들이 잡식 능력을 가지고 있는 것은 매우 다행스런 일이다. 잡식성은 인간이 한대나 온대지역에서도 생명을 유지할 수 있는 적응력이 있기 때문이다.

에너지를 많이 소비하는 운동선수에게 식물성 식품만으로 에너지를 공급하기 위해서는 동물성 식사보다 배 이상 먹어야 하므로 위에 부담이 가는 문제가 생긴다. 그러므로 운동선수는 육식을 함에 있어서 우선 과식하지 않는 내용으로 적당량의 고기를 식물성 식품과 함께 섭취하는 것이 바람직하다.

그러나 부모의 잘못이나 잘못된 식생활 교육으로 마치 고기가 나쁜 먹거리로 인식되어 특히 성장기의 어린이들이 육식을 금식하는 것은 성장과 건강에 나쁜 결과를 초래할 수도 있다. 고기를 먹지 않으면 철분과 비타민B_{12} 결핍이 일어나 여러 가지 생리적 기능에 나쁜 영향을 미친다. 그러나 성장이 끝나고 활동이 적은 장노년기에는 육식을 줄이고 부족한 단백질을 콩과 같은 식물성 단백질로 대치해 먹는 것이 건강에 좋다.

결국 청소년기에는 육식을 정상으로 섭취하고 장노년기에는 육식을 줄여 나감으로써 건강에 좋아 성인병 환자가 줄어 국가의 복지기금이나 사료 수입량이 절약되어 식량 자급도가 높게 되는 일거양득의 효과를 볼 수 있다. 따라서 육식을 하되 연령에 따라서 양을 조절하는 식생활 지혜는 우리 국민의 영양 지식으로 널리 홍보되어야 할 가치가 있다.

63
•

식사의 타이밍

일상생활에서 시간을 맞추는 일은 매우 중요하다. 야구에서 홈런을 칠 때나 선박 여행을 할 때 승선 시간을 지키는 것, 또 비행기 탑승 시간을 지키는 일 등이 모두 중요한 것처럼 식사 시간을 일정하게 맞추는 것도 인체의 생리적 리듬과 조화를 이루는 데 매우 중요하며 음식을 맛있게 먹는 방법이 된다.

시장이 반찬이라는 말을 흔히 듣는데 이는 반찬이 좀 좋지 않아도 위가 비어 시장할 때 식사를 하면 맛이 있기 때문에 나온 말이다.

우리는 여러 단계의 신경 전달 과정을 거쳐 시장기를 느끼게 되는데, 식욕은 일단 식사를 하거나 간식을 한 후에는 떨어지게 마련이다.

즉 배고픈 상태에서의 음식은 배부른 때보다 효용 가치가 커서 먹고 싶은 마음은 비교가 안 될 정도로 절실하게 된다.

위는 24시간 내내 운동하는 것보다 식후 두세 시간 정도 운동하고 쉬어야 위에 모여 있던 피가 뇌나 근육으로 돌아가 뇌기능과 근육운동이 원활하게 이루어진다.

따라서 식사를 맛있게 하기 위해서는 간식은 식사 바로 전보다는 식후에 하도록 해서 식사 전에는 위가 비어 있도록 하는 것이 중요하다. 그런데 주부들 중에는 성의 표시가 적절치 못하여 식사 전에 간식을 주거나 식사와 식사 시간 사이의 간격을 별로 생각지 않고 음식을 제공하여 가족들이 맛있게 식사하지 못하고 음식을 많이 남게 하는 우를 범하는 이들도 있다.

　식사 시간의 타이밍은 공부하는 학생뿐만 아니라 노동생산성
을 높여야 하는 노동자, 약을 복용하는 사람이 약효를 높이고
부작용을 줄이는 데, 기록이 생명인 운동선수가 활력을 내는 데,
경계심을 가지고 보초를 서야 하는 군인들에게도 매우 중요하다.

　매사의 타이밍은 효율적이고 성공적인 삶의 기본이라고 할 수
있다.

64

음료수는 너무 차도 너무 뜨거워도 문제

　사람들의 식습관은 다양해서 찬물을 선호하는 사람이 있는가
하면 유별나게 뜨거운 음식을 좋아하는 사람도 있다. 음식에 따
라서는 온도를 달리해서 먹기도 하는데, 맥주는 차갑게 해서 마
시는 사람이 많은 데 비해 청주 같은 술은 따뜻하게 데워 먹기
를 좋아하는 사람도 있다.

　요즈음 음료의 온도가 찬 것이 좋은가, 따뜻한 것이 좋은가라
는 질문을 자주 받게 된다. 체질이나 건강상태 및 취향에 따라
서 다양하므로 명쾌한 답을 말하기는 어려우나 인간의 체질 특
성을 생각하면 다음과 같다.

　변온동물은 동면 기능을 발휘해 추위를 이길 수 있으나 변온
동물이 아닌 인간은 추위와 더위를 이기기 위해 냉난방을 하거
나 옷의 겹을 늘리고 줄여 가며 체온을 유지할 수밖에 없다.

　우리 인체의 최적 온도는 36.5℃이다. 이 온도에서 급작스런 변
화는 건강에 좋지 않다. 세포 내에서 일어나는 수많은 반응은
이 온도를 필요로 하는 효소계에 의해서 일어나기 때문에 갑작
스런 냉기나 열기는 세포에 무리가 생길 수 있다.

　너무 뜨거운 음식은 목과 위의 세포에 자극을 주어 식도암이나 위암을 일으킬 수 있고 반대로 너무 찬 것 역시 해롭다. 즉 식도와 심장은 거리상 아주 가깝기 때문에 차가운 물을 마시면 심장 혈관이 갑자기 수축될 우려가 있으므로 심장질환이 있는 사람은 찬물을 마실 때 주의해야 한다. 그리고 위에 찬물이 갑자기 들어가면 위의 수축과 온도 저하로 위무력증에 빠져 소화장애를 일으킬 수 있다.

　따라서 제일 적합한 음식의 온도는 사람의 체온(36.5℃)에서 크게 벗어나지 않은 15~40℃가 적당하다.

　그러나 일반적으로 사람의 상체는 열을 품는 기능이 있어서 체온보다 차가운 것을 좋게 느끼고, 하체는 찬물에 닿으면 움츠리는 거부반응을 일으킨다는 것을 생각할 때, 건강한 사람의 경우 현대생활에서 스트레스에 의해 발생된 심리적 열기를 식히기 위해 다소 시원(10℃ 전후)한 음료를 마시는 것이 기분전환에 좋다. 그러나 설사가 잦은 사람은 찬물보다는 미지근한 물이 좋다.

65
•
유기농산물이란

경제수준이 향상됨과 동시에 건강에 관심이 높아지고 자연식 신봉자들이 늘어나면서 유기농산물을 찾는 사람이 많아졌다.

유기농산물이란 화학합성 농약이나 화학비료, 합성 토양개량제 등의 화학합성 자재를 전혀 사용하지 않거나, 이들 합성 자재의 사용을 중지한 후 3년 이상 경과하고 퇴비만으로 지력을 유지한 농토에서 수확된 농산물을 말한다. 그러나 종자의 살충과 살균 처리 없이 건실한 종자를 보관하기란 현실적으로 불가능하기 때문에 완전한 유기농산물을 찾아보기란 쉽지 않다.

그리고 무공해 식품이란 자연적으로나 인공적으로 유해한 물질이 전혀 섞여 있지 않은 식품을 말한다.

퇴비만으로 지력유지

그런데 이러한 무공해 식품이 과연 얼마나 있을까? 몇 년간 농약과 비료를 주지 않는다고 진정으로 완전한 무공해 식품이 될 수 있을까. 그것은 불가능한 일이다. 왜냐하면 우리 농토는 이미 여러 가지 유해 성분에 오염되어 있기 때문이다.

과거 우리 농민들은 독성이 있어서 지금은 사용이 금지된 유기 인제, 유기 염소제, 유기 수은제 등 다종다량의 농약을 많이 사용하여 농사를 지어 왔다. 뿐만 아니라 공장에서 흘러나온 폐수가 농업 용수에 섞여 있고, 자동차 매연과 아스팔트, 콘크리트 먼지가 땅 속에는 물론 농산물에 오염되어 있다. 그러므로 중요한 것은 농업도 상업적 생산업으로 농약이나 제초제의 사용 없이는 많이 생산하고 고품질을 얻기 어렵다는 것이다. 따라서 소비자가 완전한 유기농산물을 얻기를 원하는 것은 1950~60년대의 식생활 수준을 바라는 것과 다름없다.

그러나 과거에 함부로 써 오던 농약들이 이미 사용이 금지된 것(DDT, BHC 등)들이 많고 계속해서 저독성이며 잔류 기간이 짧은 농약들이 속속 개발되고 있어서, 인류가 농약의 피해로부터 점점 나아지는 것 같아 퍽 다행한 일이다.

따라서 어떤 농약을 규정 농도를 넘지 않게 살포했으며, 수확 전에 언제쯤 살포했다는 표시가 된 농산물을 사고 파는 것이야말로 생산자와 소비자 모두에게 신뢰를 쌓는 방법이다.

66
•

농약과 비료 사용은 필요악

농업은 제아무리 농업 과학이 발달된 바탕에서 진행되어도 예기치 못한 이상기후나 병충해의 피해를 당하게 되면, 다소 피해 규모를 줄일 수는 있지만 전체적인 식량 생산량에서는 큰 타격을 면할 수 없는 취약점이 있다.

또 한 가지 농업의 어려운 점은 다수확을 목표로 하거나 재배 시기를 조절하여 일찍 재배하려면 환경을 조절하는 데 따른 막대한 시설자금과 에너지, 기술 및 인력이 들 뿐 아니라 시간도 많이 걸린다는 점이다.

　그리고 지금까지 인류가 재배하여 온 작물들은 자연조건과 병충해에 대한 대응력이 떨어지기 때문에 적절한 양의 비료와 농약의 사용이 불가피하다. 다시 말하면 인간이 집을 지을 때 각종 보안장치를 하고 적을 대할 때 온갖 무기를 다 동원하듯이, 식물도 한 자리에 서서 수천만 년을 살아오며 대를 잇는 동안 해를 끼치는 생물의 공격에 대응할 갖가지 방어 물질을 생산하기도 하고, 평소에 가지고 있던 방어 물질의 농도를 높여 대항하면서 살아가고 있다는 것이다.

　이러한 자연적인 방어 물질의 생성 능력은 재배종보다는 야생종에서 더욱 크다. 불행하게도 재배종은 야생종에 비해 내병성과 내충성 등 다른 식물과의 경합성이 약하다. 그렇기 때문에 맛이나 다수성, 균일성을 달성하기 위해서는 그 재배종에서 부족되는 능력의 보충 없이는 성공적으로 농업생산성을 높이기가 어렵다.

　이런 관점에서 볼 때 농약이나 화학 비료를 사용하지 않고 완전한 유기농산물이나 무공해 농산물을 얻는다는 것은 현실적으로 어렵다는 것을 알 수 있다.

67

식사 시간을 어른을 생각하는 시간으로

절대빈곤 시절인 1960년대 이전에 우리 선조들 중에서 선택적 식생활을 한 사람은 과연 몇 명이나 되었을까. 그 당시 우리 선조들의 평균 수명이 50세를 넘지 못했으니 오늘날 80세에 접근하고 있는 사람들한테는 옛날의 처지가 아닌 것이 다행스럽게 느껴질 것이다. 가끔씩은 그 당시 내가 살았었더라면 지금쯤은 제삿밥이나 일년에 한두 번씩 얻어먹는 불귀의 몸이 되어 있을지도 모른다는 끔찍한 상상도 해 본다.

그 당시 대부분의 사람들은 하루의 생활 목표가 허기진 배를 채우는 데 있었다고 해도 과언이 아니다. 이런 상황에서 어찌 학교에 다닌다거나 문화 발전을 기대할 수 있었겠는가. 지금 생각하면 그 당시 식품 중에는 요즈음 가축 사료 수준도 못 되는 것들도 많이 있었던 것 같다.

요즈음 우리 청소년들에게 그 당시 식생활상을 이야기하면 상상이 안 되겠지만, 사오십대 사람들은 1970년대 이전의 식생활상을 언뜻 이야기만 해도 그 당시의 식생활을 짐작할 수 있으리라.

어쨌든 요즈음 신세대들이 과거 우리 조상들이 겪었던 그 어려웠던 식생활을 경험하지 않게 된 것은 매우 다행스런 일이다. 하지만 청소년들이 오늘날 이처럼 풍족한 식생활을 영위할 수 있음은 모두 다 40~50대 이상의 어른들이 성실하게 노력한 덕분이라는 것을 알아야 한다. 이런 사정을 청소년들이 알게 해서 어른을 공경하는 마음으로 승화시킬 수 있는 교육 방법은 없을까. 덧붙여 부탁하고 싶은 것은 이 책을 읽는 청소년들이 고생해서 농작물을 생산하는 농민과 어려운 여건에서 돈과 시간을 들여 음식을 준비해 준 부모님께 감사하는 마음이 청소년 운동의식으로 승화되었으면 한다.

68

정장작용과 항암작용을 하는 요구르트

요구르트는 이제 현대인에게 건강을 생각하면서 부담없이 즐기는 식품으로 자리잡게 되었다.

1980년도부터 보급되기 시작한 요구르트는 우유를 젖산균으로 발효시킨 것으로, 우유의 저장 형태에서 이제 국민의 생활 속에 정착된 식품이다.

요구르트의 기능은 정장작용과 항암작용, 소화 촉진, 비타민 보급, 단백질 공급 기능, 중금속 독성 경감작용, 알루미늄 독성 경감작용 등 다양하다.

요구르트는 정장 기능 외에 젖당불내성인 사람에게 우유 성분을 무리없이 이용할 수 있는 우유 발효 음료이다. 그 외에 젖산균에 의해 생산된 비타민B_2가 우유보다 3~4배나 많아 단백질 대사에 좋은 효과가 있다.

이러한 다양한 기능성은 배양된 젖산균이 살아 있는 상태로 장에 있을 때 원활하게 발휘되기 때문에 요구르트 제품의 질은 장에 도달되는 세균의 수가 많은 것일수록 좋다. 그러나 대개의 젖산균들은 위의 강산성(pH 2 정도) 조건과 담즙의 알칼리 조건에서 내성이 약해 사멸되는 약점이 있다.

최근 모회사에서는 젖산균이 위의 강산 조건과 십이지장에서의 알칼리 조건에서도 해를 받지 않도록 젖산균 표면에 코팅제

로 싼 젖산균 덩어리를 요구르트에 첨가해서 장에서 생균 상태
로 존재하도록 한 제품을 출시하고 있어 요구르트 제품 중 젖산
균 활성의 강화 제품으로 평가되고 있다.

이러한 젖산균의 특성
으로 보아 요구르트를 마
실 때는 신선한 것을 마
시는 것이 좋다. 그러므
로 여러 개를 사서 저장
해 두었다가 마시는 것은
우유를 마시는 것만 못할
수도 있다. 또한 요구르
트를 수송 보관하는 중에
저온 저장은 젖산균 활성에 영향을 미치므로 저온 유통 보관이
중요하다.

현대의 식생활 패턴은 지방을 많이 섭취한다. 지방이 장내에
많게 되면 장내 젖산균의 번식이 방해되어 상대적으로 부패균이
증가된다. 부패균의 증가는 장내에서의 발암물질(아민류 등) 생성
가능성을 높게 한다.

따라서 장의 건전성 유지를 위해서는 젖산균이 함유된 발효유
(fermented milk)를 마시는 것도 중요하지만 젖산균이 장내에
서 원활히 번식하는 데 방해가 되는 고지방·저섬유·고단백 식
생활을 피하는 게 좋다.

69

설사는 세균 때문

음식물은 우리에게 필요한 영양소를 공급하는 물질이지만 원

래 오염된 균이나 취급 부주의로 보관 조건이 부적절할 경우엔 각종 식중독균에 오염될 위험성이 있다. 특히 온도와 습도가 높은 여름철에는 세균의 밀도가 식중독을 일으키는 수준에 쉽게 이르기 때문에 더욱 위험하다.

이러한 세균의 오염에 의한 식중독의 일반적인 증세는 설사다. 음식물에서 쉽게 번식이 가능한 균으로는 대장균과 이질균, 살모넬라균, 포도구균 등인데, 이들이 번식하여 독소를 분비하면 부교감신경계의 자율신경을 자극하여 위에서의 소화가 일어나지 않아 소장에서 흡수가 되지 않고 정상 세균이 자라는 대장으로 흘러내린다.

본래 대장은 위와 소장에서 아미노산과 당류가 소화 흡수되고 난 찌꺼기(섬유소)를 이용하여 유용한 균들이 번식하는 곳인데, 음식물이 대장에 다다를 때까지 소화 흡수되지 않은 단백질과 아미노산, 포도당 등이 대장으로 세균과 함께 들어와 정상 세균의 발효를 방해하면서 대장 내에서 자극성의 유독한 아민류 암모니아, 유화수소 등과 자극성은 있으나 무해한 약간의 젖산, 초산, 낙산 등이 생기는 이상발효라고 하는 부패현상을 일으킨다.

이 결과 장관이 자극되어 거북하거나 복통이 생기고 수분 흡수가 고유 기능인 대장은 세균을 쉽게 내보내려는 기능을 발휘하여 설사를 하게 된다. 이런 설사는 대장 점막을 파괴하여 젖산균의 서식지를 잃게 한다. 이런 상태에서는 젖산균을 먹어도 별 효과가 없다. 따라서 유용한 젖산균이 대장 내에 원활하게 살게 하기 위해서는 설사를 멎게 하고 장 점막을 복구시키는 것이 중요하다.

설사는 찬 음식에 의한 자극에 의해서도 발생하지만 세균 감염에 의한 경우가 주가 되므로, 여름철에 설사를 막기 위해서는 신맛이 없는 음식은 먹기 전에 가열하여 무균 상태로 만들어 먹는 게 상책이다.

70
•

오전 간식은 금(金), 오후 간식은 은(銀), 저녁 간식은 동(銅)

간식은 정식 사이에 먹는 샛밥이라고 할 수 있다. 샛밥은 학생들에게 영양 보충과 스트레스 해소에 도움이 되며 노동자에게는 에너지를 보충해 주고 도시인에게는 사교의 매개체이자 기분전환과 스트레스 해소에 좋은 음식이라 할 수 있다.

간식으로는 밥과 라면, 스낵, 떡, 과자, 차, 과일 및 주류 등이 이용되는데, 이들 식품들은 모두 열량이 많이 들어 있어서 양이 지나치거나 시간이 적절하지 않으면 에너지 과다 문제를 야기하거나 식사시 밥맛을 떨어뜨린다.

사람은 아침과 점심, 저녁식사 전까지는 그날의 에너지 소비량을 충당하는 쪽으로 쓰이지만, 저녁과 저녁 간식은 활동을 하지 않기 때문에, 그리고 다음날에 있을지 모르는 굶주림에 대비하기 위해서 살로 가는 경향이 크다.

이러한 생리적 리듬은 인간이 악조건을 이겨내면서 살아 남는데 자연적으로 생긴 생리적 리듬의 특성이라 할 수 있다.

간식 시간대에 따라 간식의 효과를 비교한다면 아침과 점심 사이의 간식은 금이요, 점심과 저녁 사이의 간식은 은이요, 저녁 간식은 동이라고 해도 좋을 듯싶다. 즉 저녁 간식은 모두 살이 되는 경향이 있으므로 비만인 사람은 저녁 간식을 피하는 것이 좋다.

화식(火食)의 이해득실

우리 조상들은 지구상에 태어나서부터 불을 발견할 때까지는 생식을 했다. 그 당시에는 단단하고 질긴 음식을 먹을 수 있게 치아가 발달되어 있었고 거친 음식으로부터 영양분을 흡수하기 유리하게 소장의 길이도 길게 발달되어 있었다. 그리고 소화효소 분비력을 포함하는 소화력도 현대인보다 더 발달되었을 것이고, 또한 여러 가지 식중독균에 대한 내성도 높았을 것임에 틀림없다.

이렇게 식생활을 하던 중에 인류는 불을 발견함으로써 식생활에 획기적인 변화가 일어나게 되었다. 오랫동안 해 오던 생식(生食)에서 벗어나 화식(火食)을 하게 된 것이다. 이로 인해 음식의 부피가 줄고 질기고 단단하던 것들이 부드럽게 되었으며 역시 소화도 잘 되게 되었다. 뿐만 아니라 식중독을 일으킬 가능성이 있던 각종 식중독 세균과 기생충 및 열에 약한 자연독도 크게 줄어들게 되었다.

이처럼 불의 발견과 이용은 식생활에 커다란 변화를 가져왔다. 이러는 동안 인간은 보다 부드럽고 먹기 좋은 음식만을 골라 먹는 약삭빠른 취식자로 변했다.

인간은 소나 양처럼 되새김할 수 있는 위를 가지지 못해서 섬유소가 대부분인 잎이나 줄기보다는 영양 밀도가 높고 부드럽고 소화 흡수가 잘 되는 과일이나 구근만을 골라 먹는 지혜와 식습관이 발달하게 되었다. 그러다 보니 소화력이 감소하고 치아가 약해지고 자연환경에 대한 인체의 적응력도 떨어지게 되었다. 그리고 부피가 줄어든 음식으로 위를 채우다 보니 과식으로 인한 에너지 과잉이 일어나기 쉽게 되었다.

불의 사용은 이처럼 식생활에 플러스적 변화를 일으켜 미생물에 의한 각종 식중독을 예방하는 데 매우 편리한 반면 열에 약한 영양소의 파괴라는 마이너스 부분도 따르게 되어 불의 이용에도 양면성이 뚜렷하다.

72

효모를 많이 먹자

효모(yeast)는 당으로부터 에틸알코올을 만드는 데나 식빵을 부풀려 빵을 만드는 데 필요한 미생물이다. 이 효모에는 인간에게 유용한 단백질과 비타민 등 양질의 영양소가 들어 있어서 영양제 소재로 많이 이용되어 왔다.

즉 효모에는 필수아미노산인 8종의 아미노산이 균형 있게 들어 있고 식생활에서 부족되기 쉬운 비타민B군의 보고이며 신진대사를 원활히 해 주는 핵산이 많이 들어 있다. 따라서 꾸준히 효모를 섭취하면 성장 발육과 뇌기능 활성화와 성인병 퇴치에 도움이 된다.

식생활에서 영양제로서가 아니라 쉽게 먹을 수 있는 방법으로는 식빵을 먹는 것이다. 비스킷이나 카스테라, 케잌 등은 모두가 베이킹 파우더를 이용해서 부풀게 하지만, 식빵을 만들 때는 적당량의 효모를 반죽에 넣어 효모의 호흡작용으로 생긴 탄산가스에 의해 반죽을 부풀게 하기 때문에 잘 부푼 식빵에는 다량의 효모가 들어 있다. 그리고 우리의 민속주인 막걸리에도 효모가 들어 있으나 그렇다고 효모를 먹기 위해 막걸리를 상음하면 알코올 중독을 일으킬 수 있어 문제가 된다.

따라서 식사 전후에 식빵을 한두 쪽 먹으면 효모가 지닌 영양소를 섭취하는 데 도움이 된다.

73

칼슘을 많이 섭취하자

한동안 토코페롤(비타민 E)이 대단한 선전 속에 팔리더니 요즈음은 칼슘의 생리적 중요성이 크게 대두되고 있다. 이유는 칼슘 결핍증에 대한 대대적인 시각적 광고로 칼슘제를 먹지 않으면 골다공증에 걸리는 것 같아 칼슘제를 사 먹는 사람들이 많아졌다. 칼슘은 체내 흡수율이 낮아 칼슘이 많이 들어 있는 식품을 먹는다고 해서 그 식품 중의 칼슘이 모두 섭취되는 것은 아니다.

얼마 전까지만 해도 칼슘제는 굴(oyster) 껍질을 부수어 만든 것으로 흡수율이 25% 정도였다.

몇 가지 식품의 칼슘 흡수율을 보면 우유는 50% 정도이고, 멸치를 포함한 어류는 30%, 달걀껍질($CaCO_3$)은 25%, 조개 껍질(젖산칼슘)은 25%, 야채는 17%이다. 이렇듯 칼슘의 흡수율이 높은 우유에는 칼슘의 흡수에 좋은 CCP(casein phosphopeptide)라는 카제인인산 단백질이 들어 있어서 칼슘의 흡수를 촉진시켜 준다. 따라서 섭취에 있어서 중요한 것은 칼슘의 함량도 함량이지만 흡수율이 좋아야 한다.

음식 중의 칼슘은 섭취를 방해하는 물질이 공존하거나 조리 조건과 방법, 개인적인 흡수율 등에 따라서 상당 부분이 배설되어 버린다.

칼슘은 소장에서 흡수되는데 인산이 많이 들어 있는 식품을 다량 먹으면 장내에서 칼슘과 결합해 불용성으로 되어 칼슘의 흡수율이 떨어지게 된다. 이는 육류와 청량 음료를 많이 먹는 서구 선진국에서 칼슘 부족이 일어나는 현상과 일치한다. 따라서 칼슘 섭취를 자연스럽게 하기 위해서는 흡수를 방해하는 물질을 식품 속에 적게 함유되도록 하면 된다.

대표적인 칼슘 흡수 방해 인자로는 시금치 중의 수산(oxalic acid)과 곡류 중의 피틴산(phytic acid), 인산이 많이 들어 있는 각종 청량 음료와 라면 및 소시지류 등이다.

칼슘 섭취는 칼슘제를 먹는 것도 좋으나 식사를 통해 자연스럽게 섭취하도록 노력함과 동시에 자연 식품 중에 함유된 칼슘의 이용 효율이 방해되지 않도록 청량 음료나 소시지 같은 인산 함유 식품은 많이 먹지 않는 게 좋다.

74

청량 음료의 단점

청량 음료인 콜라는 1960년대 중반에 우리나라에 들어와 미국의 코카콜라 회사와 기술제휴를 해서 막대한 금액을 지불하고 있다.

현재 콜라를 포함하는 청량 음료는 거의 모든 나라의 대중 음료로 수요가 증가하고 있다.

그런데 최근 한국에서는 콜라의 수요가 감소하고 있는 추세이다. 그것은 식혜를 비롯하여 대추차, 솔잎차, 녹차 등 우리의 전통 음료로 대체했기 때문이다.

청량 음료 속에는 인산이 많이 함유되어 있어 치아와 뼈를 구성하는 칼슘 성분을 녹여내 치아나 뼈를 약화시킨다. 또 인산은 소화기관 내에서 흡수되는 미네랄, 즉 철분과 칼슘, 아연 등의 흡수를 방해해서 소변으로 빠져 나가게 한다. 그러므로 청량 음료는 임산부나 골격 형성이 왕성한 청소년들에게는 그다지 좋지 않다.

콜라는 버터나 비프스테잌, 햄버거와 같이 기름기가 많고 칼슘 섭취가 많은 서구식 식생활을 하는 경우에 후식 음료로서는 문제가 없지만, 지방 함량이 적고 식물성 식품이 주가 되는 우리의 식생활에는 어울리지 않는 음료이다. 따라서 청량 음료는 우리 식생활 패턴에 조화롭지 못한 음료이다.

75
·

서구식 식품은 다이어트에 역효과

요사이 주변을 보면 살을 빼야 한다느니 적게 먹어야 한다느니 하는 말을 하는 사람들이 많아졌다. 다이어트(diet)란 균형 있는 식사를 해서 체중을 정상적으로 유지하려는 식사 요법을 말한다. 그런데 개중에는 밥 대신 빵이나 고기 등을 먹는 것을 마치 다이어트로 생각하는 사람들이 있다.

이런 서구식 다이어트는 지방질과 단백질 및 탄수화물은 많은 반면 섬유소나 습기가 적은 식사를 하게 된다. 따라서 적은 양으로 영양과잉 현상이 나타나 다이어트에 역효과를 가져온다.

사실 요즘 사람들은 식빵과 라면, 튀김감자, 햄, 마가린, 소시지, 초콜릿, 버터나 잼을 듬뿍 바른 빵 같은 에너지 밀도가 높은 서양식 음식을 주식이나 간식으로 많이 먹고 있어 과체중이나 비만의 직접적인 원인이 되고 있다.

기름 한 수저는 공깃밥 반 공기의 칼로리를 갖고 있다. 이에 비해 영양 밀도가 낮고 부피가 큰 밥이나 김치, 기름을 사용하지 않은 물조리 식품인 찐 고구마나 찐 감자, 칼국수 등으로는 3,000Kcal를 섭취하기가 어렵다. 하지만 서구식에서는 조금만 과식하면 과에너지 섭취 상태가 되기 쉽다.

76
·

살 빼는 방법

체중 감량은 그 실행이 너무 어렵기 때문에 살과의 전쟁이란 말로 표현되기도 한다. 이는 비만을 해결하기 위한 체중 감량은 매우 어렵다는 뜻을 내포한다.

식욕은 성욕과 함께 인간의 기본적인 본능이다. 인간은 이러한 본능을 적절히 조절할 수 있어야만 한다. 가령 절제 없는 성욕이 건강을 해치듯 식욕의 과다 또한 비만 등 각종 성인병을 유발시키는 원인이 된다. 비만을 예방하고 정상 체중을 유지하기 위해서는 현재 자기의 체중이 어느 정도인가를 알 필요가 있다.

1990년대에 들어서면서 각종 헬스 기구와 살빼는 약들이 우후죽순(雨後竹筍)격으로 성행하고 있다. 여기에 고급 사우나실도 생겼고, 지방을 제거하는 수술요법도 등장했다. 그러나 이런 식의 살빼기 방법은 비만을 근본적으로 해결하지 못한다. 다만 지속적인 절식과 적당한 운동만이 가능하다.

77

사우나에서는 땀과 물만 빠져 갈증 초래

사우나는 운동 후 몸을 청결히 하거나 기분전환을 위해 한다. 그런데 요즘은 활동은 적게 하면서 많이 먹어서 찐 살을 빼려고 사우나를 다니는 사람들이 많다.

이러한 사우나는 기분전환에는 도움이 되지만 살을 빼는 데는 효과를 보지 못한다. 왜냐하면 운동을 하여 땀을 빼면 아랫배에 낀 지방이 산화되어 땀으로 빠지고 피지선을 통해서 노폐물(유리지방산, 납성분 및 중금속 등)이 빠져

나오지만 운동을 하지 않은 채 더운 조건에서 땀을 빼면 땀샘을 통해 몸 속의 물과 소금 성분, 칼슘 등 물에 녹는 성분만 빠져 나가기 때문이다.

그러므로 사우나로 체중이 준 것은 단순히 세포 속의 물이 빠진 것에 불과하다. 이는 식사나 간식으로 먹은 식품 중에서 빠진 물이 세포를 채워 버리기 때문에 물만 먹어도 다시 체중이 회복되어 버린다. 뿐만 아니라 사우나에서 땀을 빼고 나면 갈증이 심해서 시원한 물과 맥주를 마시게 된다. 이때 차가운 음료를 마시면 몸이 나른해져서 잠이 오고 피로가 몰려오게 된다.

그러므로 과체중을 줄이기 위해서는 잠을 덜 자고 적당한 활동과 소식의 실천이 최선의 방법이다.

당뇨병을 예방하자

　당뇨병은 일단 발병하면 완치가 어렵고 여러 가지 합병증으로 고통을 받게 되어 정상적인 생활을 하는 데 지장을 준다.

　현재 전세계적으로 약 1억 3천 5백만 명의 당뇨병 환자가 있는 것으로 추정되며, 2025년에는 이의 2배에 달할 것으로 예측하고 있다. 우리나라는 1백 명당 5~10명 정도가 당뇨병으로 고생하고 있다.

　당뇨병은 에너지원으로 쓰여야 할 포도당이 인슐린의 부족으로 핏속에 당이 넘쳐 소변으로 빠져 나가는 이상 증세를 말한다. 쉽게 느낄 수 있는 당뇨병 증상은 3다(多), 즉 잦은 소변과 갈증, 배고픔이 심한 상태이다.

　당뇨병은 시력 장애나 신장 장애, 혈압 상승, 임포턴스, 염증 발생, 신경염, 요실증 등의 합병증으로 나타나기 쉽다.

　이러한 당뇨병의 예방과 치료 방법으로 중요한 것은 올바른 식사로 혈당과 체중을 정상으로 유지하는 것이다. 올바른 식사 원칙은 각종 영양소(5대 영양소)를 균형 있게 섭취하되 탄수화물이 55~60%, 단백질은 15~20%, 지방은 20~25%의 비율로 섭취하고 식사 간격을 일정하게 한다. 그렇게 함으로써 혈당의 균형이 일정하게 유지되게 해 준다. 그리고 고단백 저칼로리의 식사가 중요하다. 이것은 혈당 수준에 영향을 주는 탄수화물을 줄이고 이를 대체하기 위해서 단백질을 많이 섭취하는 것이 좋다.

　이러한 식생활과 함께 동시에 규칙적이고 지속적으로 운동을 하는 것이 혈당과 체중 관리에 도움이 된다. 운동으로는 속보나 수영, 자전거 타기, 등산 등이 좋다.

따라서 당뇨병을 예방하려면 끈기를 가지고 무리하지 않으면서 가능한 한 스트레스를 피하며 다소 적게 먹는 것이 좋다. 또한 지속적으로 운동을 하는 것도 중요하다.

79
•

암은 예방이 최선

현재의 항암제는 암세포뿐만 아니라 정상 세포까지도 죽이게 되어 그 후유증이 심하다. 암을 치료할 수 있는 방법은 많으나 문제는 암세포를 죽여도 암에 걸릴 수밖에 없는 체질이 되어 있기 때문에 치료가 어려운 것이다.

현재는 암 환자가 암 치료제 때문에 결국 빨리 죽게 되는 경우가 많다. 이것은 암 치료 과정에서 인체의 자연 치유력이 파괴되어 버리기 때문이다. 외과적 수술이 최종적인 치료 수단이지만 이 방법 역시 부작용이 많다.

어떤 암 치료 의사는 암을 조기에 발견하면 조기 사망이라는 비극적인 표현을 하기도 한다. 이 말은 아직도 현대 의술로는 암정복이 불가능하고 암정복을 위한 희생물이 되고 있다는 증거이다. 따라서 암은 예방하는 게 최선이다.

암의 원인으로는 식생활과 환경, 흡연, 스트레스 등이 있는데 그 중에서도 식생활이 가장 큰 원인으로 작용한다는 게 정설이다. 그리고 자연 치유력을 증가시키기 위해서는 건강을 튼튼히 유지하는 일이다. 모든 암으로부터 자유롭게 되기 위해서는 예방이 최선의 방법이다.

80

신(身) · 심(心) · 기(氣)를 갖추자

신(身)은 육체요, 심(心)은 마음이나 정서요, 기(氣)는 활력, 즉 기력을 말한다. 죽은 사람의 신체에는 심과 기가 없다. 신체가 허약한 사람은 육체와 약한 심은 있으나 활동과 용기, 투지를 사르는 기가 약하다. 이 세 가지 중 한 가지만 약해도 공부에 지장을 초래한다.

이러한 심·신·기는 식생활과 상관관계가 크다. 우리가 매일 먹는 음식은 우리 몸을 구성하고 활동에 필요한 활력과 기력을 공급하며 이것이 조화되어 개성을 나타내는 마음 작용을 하게 되는 것이다.

질병에 대한 방어력은 균형잡힌 육체와 즐겁고 긍정적이며 창의적인 마음 유지와 끊임없는 활력이 유지될 때 강해질 수 있고 인체의 자연 치유력도 강해진다.

특히 수험생에게 있어 중요한 것은 몸과 마음, 기가 서로 균형을 유지하도록 자기 관리에 관심을 가지고 실행하는 것이다. 신·심·기의 균형이야말로 공부하는 청소년들에게 최상의 컨디션이라 할 수 있다.

81

적당한 호흡은 학습능력을 향상시켜

호흡(respiration)은 육체와 마음, 의식과 무의식 사이를 연결하고 감정 조절 및 인체 내 신경계의 작동에너지를 순조롭게 하는 마스터키라 할 수 있다. 따라서 적당한 호흡으로 학습능력을 향상시킬 수도 있다.

우선 호흡은 음식을 통해서 흡수된 탄수화물과 단백질, 지질이 몸 안에서 힘을 내게 하는 데 필요한 산소를 공급하고 힘을 낼 때 생성되는 탄산가스를 배출하는 중요한 생리적 기능을 한다. 이러한 현상은 난롯불을 조절하여 산소 공급을 조절하는 것과 같다.

운동을 할 때 우리는 많은 에너지가 필요하여 큰 숨을 쉬게 된다. 그것은 체내에 저장된 물질인 포도당을 산화시켜 에너지를 얻기 위해서다.

그러나 유념해야 할 것은 우리가 마실 수 있는 공기의 질이다. 호흡할 때 오염된 공기는 코를 통과하여 기관지의 점액질에 의해 제거되고 있으나, 분진이나 가스의 지속적 호흡은 호흡기나 신경계통에 영향을 주게 된다. 이

러한 현상은 공부하는 학생들의 정서에 악영향을 끼친다. 즉 알러지 반응이나 무기력 등으로 학생들의 집중력을 떨어뜨린다.

오늘날 아파트 생활은 부엌이 거실과 분리된 옛날의 생활과는 달리 밥을 지을 때 나오는 연료 가스와 기름이 탈 때 나오는 유독 가스, 화장실이나 조리대 위의 수도꼭지를 틀 때마다 나오는 염소 가스, 실내에서 세탁하고 건조할 때 분리되는 세제와 화학 섬유의 먼지 등으로 인해 공부하는 우리 청소년들의 환경에 매우 나쁜 영향을 미치고 있다.

따라서 공부방의 공기를 신선하게 유지시켜 주기 위해서는 환기를 자주 하고, 세탁물은 창 밖에서 먼지를 털어낸 후 실내에 보관하는 것이 좋다.

왜정 시대 조상들의 식생활

일제 36년 동안 우리 민족은 정신적·물질적으로 박탈된 상태에서 처참한 생활을 하였다. 더구나 농약이나 비료도 충분히 주지 못하고 피땀으로 지은 가족이 먹을 농산물을 모조리 강탈해 갔다.

민족의 에너지와 피가 될 식량을 빼앗기며 살아왔으니 우리 민족의 식생활은 당연히 최악의 상태가 될 수밖에 없었다. 뿐만 아니라 놋쇠 밥그릇과 수저까지 공출을 강요당했다.

그래서 이 당시 조상들은 가족이 먹고 살 최소한의 곡식을 땅속에 묻거나 잿간에 숨겼으며 수저나 놋쇠 밥그릇은 뒷간의 똥 속에 숨겨 놓았었다. 그러나 일본은 이런 것까지도 용케 찾아냈다. 그들은 대창으로 똥통을 뒤져 보기도 하고 짚누리나 잿더미 속을 찔러 보기도 했다.

피땀으로 지어 놓은 곡식을 빼앗기고도 반항조차 못했던 우리 조상들의 처지를 생각해 보자. 흡혈귀를 보고도 응징을 못했던 그 시절은 아마도 우리 조상들이 자초한 결과가 아닐까 싶다.

우리의 몸이 약하면 병원균의 침입이 일어나 병에 걸리듯, 나라가 약하면 강국의 침략을 당하게 된다는 사실 또한 명명백백함을 명심하자.

83

김치를 많이 먹자

　우리는 우리의 먹거리에는 소홀하고 자부심이 부족한 반면 외제를 맹신하는 경향이 있다. 그러나 우리의 전통 음식 중에는 영양적 그리고 기능적으로 가치 있는 식품이 많다. 그 중에 빼놓을 수 없는 것이 김치다.

　김치는 밭에서 나는 배추(혹은 무)에다 고추, 파, 마늘, 생강 등과 바다에서 나는 생선 발효물인 젓갈이 조화를 이룬 채소염장 발효식품이다.

　그리고 섬유소와 미네랄, 비타민 공급원으로 중요할 뿐만 아니라 소화 효소가 듬뿍 들어 있는 효소식품이다.

　김치에 들어 있는 각종 유기산은 청량감을 주고 식중독을 예방하며 중금속 제거와 항암 효과 등이 있어 자연 건강식품으로서 손색이 없다. 그리고 영양이나 생리, 기능성 면에서 장점이 많은 식품이다.

　그러므로 청소년들은 우리의 김치를 즐겨 먹고 이에 대한 자부심을 기르고 나아가 김치의 세계화에 앞장설 필요가 있다.

84
•

효소가 많이 들어 있는 식품

효소란 생체세포 또는 미생물 등에 의해 생산되는 여러 가지 특징을 가진 단백질의 일종으로, 특정한 조건에서 특정한 물질에 작용해서 생산물을 만드는 고분자 생체 촉매를 말한다.

이러한 효소는 모든 생체 내에 다양하게 들어 있는데, 우리의 소화력에 도움이 되는 효소로는 탄수화물을 소화시키는 아밀라아제(amylase)와 지질을 소화하는 리파아제(lipase), 단백질을 소화하는 프로테아제(protease)가 있다.

효소는 각종 과채류에 많이 들어 있으나 무엇보다도 우리의 전통 발효식품인 김치와 된장, 간장, 고추장 및 요구르트에 다량 들어 있어서 전분이 많이 든 쌀밥이나 고깃국의 소화에 도움이 된다. 그러나 이러한 효소의 활성은 가열하면 빨리 파괴되어 그 기능을 잃어버리게 된다.

따라서 김치나 된장, 간장, 고추장, 요구르트는 가열 살균되지 않은 것이 자연 효소를 이용하는 데 좋다.

85
•

우리의 식량 사정

먹는 문제는 앞으로 직업에 관계없이 누구나 한번쯤 깊이 생각해 볼 문제이다. 무엇을 어떻게 먹느냐는 개인의 문제이지만 전체적으로는 국가의 식량 사정에 영향을 주기 때문이다.

우리의 식량 사정이 어떤 상태인가를 알고 이에 대처해 나가지 않으면 식량 부족에 직면해서 예측할 수 없는 어려움을 겪게 된다. 식량 부족으로 인한 기아 상태에서는 발전은커녕 문화의 수레도 끌 수 없다.

현재 우리는 쌀만 겨우 자급할 뿐 콩이나 밀, 옥수수 등은 대량 수입해 오기 때문에 현재 우리의 식량 자급도는 25% 수준이다. 이런 상황은 현실적으로 심각한 상태이다. 만일 전쟁이나 식량 무기화 등 어떤 이유로 식량의 수입 루트가 차단되거나 식량 수출국(미국, 태국 등)이 흉년이 들게 되면 우리의 먹거리 사정은 현재의 북한 이상으로 심각한 상황이 될 수 있다. 쌀을 자급하고 있는 것은 1960~70년대에 일년에 147kg씩 먹던 쌀 소비량이 1998년도에는 100kg 정도로 줄어서 자급이 된 셈이다. 만약 일년에 147kg씩 먹는다면 쌀의 자급률은 약 70%로 떨어지고 만다.

이렇게 쌀 소비가 줄어드는 반면 쇠고기와 돼지고기, 우유, 달걀, 닭고기의 소비가 크게 늘어났다. 이 결과 비만이나 혈관계 질환(중풍, 동맥경화, 고혈압 등) 등 선진국형 환자가 늘어나고, 사회문제와 막대한 양의 사료용 곡물이 수입되어 식량 자급도가 계속 낮아지고 있다. 따라서 우리의 식량 자급도를 높이고 성인병 증가 문제를 개선하기 위해서는 동물성 식품의 소비를 줄이고 건강지향적인 식생활을 해야 한다.

우리 민족의 미래인 청소년들의 식생활 패턴은 미래의 우리 농업에 큰 영향을 줄 뿐 아니라 식량 자급로에도 많은 영향을 주게 되므로 청소년들이 각별한 관심을 가져주었으면 한다.

85
·

식성은 건강과 성격 형성에 중요

　한때 우리 나라는 정부의 잘못된 정책과 밀을 생산하는 나라의 영양학자들이나 국내의 매수된 영양학자들에 의해서 밀가루 음식을 많이 먹도록 권장된 때가 있었다. 요즈음 청소년들은 식빵에 소시지나 버터, 잼을 곁들여 먹고 커피를 후식으로 아침밥을 해결하는 경우가 늘어나고 있다. 반면 식습관이 매우 보수적인 사람이 있는가 하면 잘못된 정보로 인해 먹어 오던 음식을 금식하는 사람들도 있다.

　우리의 식사패턴은 농산물을 다양하게 배합하여 조리해 먹는 것이 정서적으로나 건강상 바람직하다.

　　　　　요즈음 신토불이(身土不二)란 말을 자주 듣게 되는데, 이것은 자기가 살고 있는 곳에서나 그곳으로부터 멀지 않은 지역에서 난 것을 먹는 것이 건강에 좋다는 뜻이다. 이는 땅에서 나오는 식품이야말로 사람의 원료이므로 건강을 지키고 자연에 순응하는 지극히 자연스런 식습관을 권장하는 말이다.

　우리는 좁은 땅에서 농사를 지어 그것을 식량으로 삼는 먹거리 획득의 패턴을 지켜 왔기 때문에 동물성 식품의 소비량은 빈약한 셈이다. 그런데 영양 성분의 특성으로 보아 동물성 식품이 필요는 하지만 불가결한 식품은 아니다.

그러므로 우리 주변에서 난 식품을 균형 있게 미식(美食)이 아닌 조식(粗食)을 하는 식습관을 들인다면 성인병 예방에 도움이 될 뿐 아니라, 청소년들의 식습관 패턴도 점점 바뀌어져 건강한 육체와 정신을 공유할 수 있을 것이다.

87
•

비타민은 결핍되기 쉬워

인간은 탄수화물과 단백질, 지방질 등이 연소될 때 생기는 에너지를 필요로 한다. 그런데 이들 영양소가 인체에 이용되려면 보조 역할을 하는 비타민이 필요하다. 따라서 비타민이 부족되면 다른 영양소가 이용되지 못하는 것은 물론 유해한 노폐물이 될 수도 있다. 그러므로 비타민의 섭취는 건강관리에 매우 중요하다.

비타민의 결핍은 포식의 식생활에서도 일어날 수 있다. 편식을 하거나 극단적인 채식주의자, 무리하게 체중을 조절하는 사람, 인스턴트 식품이나 가공식품을 습관적으로 먹는 사람, 상습적인 음주자(알콜은 비타민 B_1, B_6, C, 엽산의 흡수와 이용을 방해하고 또 음식물 섭취를 적게 하므로), 조악한 식생활을 지속하는 독신자나 저소득층, 만성 설사 및 흡수 장애증이 있는 위장관 질환자, 항결핵제, 항암제, 항생제의 장기 복용자, 과도한 흡연자(담배 한 개피는 25mg의 비타민C를 파괴함)에게서 비타민 결핍증이 올 확률이 높다.

특히 성장기의 청소년층은 비타민의 수요량이 상대적으로 많기 때문에 결핍되기 쉽다. 그리고 식생활 특성상 한국 사람에게 부족되기 쉬운 비타민은 지용성비타민으로는 A, D이고 수용성은 B_1, B_2, 나이아신, C이다. 비타민 결핍을 예방하기 위해서는 여러 가지 식품으로 구성된 식사를 거르지 않는 것이다.

88
•

쾌면에 도움이 되는 식품

잠을 잘 자는 것은 그날의 행복이자 다음날 생산적 활동을 위한 최상의 카타르시스이다. 그런데 제시간에 잠이 잘 들지 않아 고생하는 사람들이 많은데, 이럴 경우 효과 있는 식품으로는 다음과 같다.

잠이 잘 오게 하는 과실로는 바나나와 무화과, 파인애플, 견과류 등을 들 수 있고 쇠고기가 제일 효과가 있다. 그리고 조류 중에서는 칠면조 고기가 좋다.

서양에서는 예로부터 '불면증은 따뜻한 우유 한 잔'이 최고라고 전해 내려오고 있다. 이런 효과는 어디까지나 경험적인 것들이지만 수면 연구가들에 의해 그 이유가 밝혀졌다. 잠을 잘 오게 하는 식품들에는 대개 아미노산의 일종인 트리프로토판(tryprotophan)이 공통적으로 많이 들어 있다.

최근에 알려진 내용이지만 뇌세포에 세로토닌의 양이 정상보다 적으면 공격적인 활동을 유발시켜 잠을 잘 자지 못한다고 한다. 그러므로 트립토판이 많이 함유된 식품을 꾸준히 먹는 것이 중요하다. 이 성분은 체내에서 수면과 관련이 있는 세로토닌(중추성 신경 전달 물질)으로 전환되는 물질로 알려지고 있다.

이와 같이 자연 수면 식품은 복용 후에 부작용이 있는 인공 수면제(바르비탈)의 좋은 대치품이 될 수 있다. 반면 이러한 자연

수면 효과 식품은 밤늦게까지 수험 준비를 해야 하는 자녀의 저녁 식사나 저녁 간식으로는 피하는 게 좋다. 트립프로토판이 많이 들어 있는 것으로는 김이나 참치, 다랑어, 고등어, 콩, 청국장과 우유 등이다.

한편 쾌면을 위해서는 잠을 이루는 데 방해가 되는 식품도 알아둘 필요가 있다.

잠을 쉽게 이루지 못하는 사람들은 카페인이 들어 있는 커피나 홍차, 코코아, 콜라 등을 삼가하는 것이 좋다. 그리고 낮에 적당한 피로가 오도록 운동이나 활동을 하고 낮잠을 자지 않아야 한다. 또한 강한 조명이나 소음을 피하고 적당한 실내온도를 유지하되 일찍 일어나는 것이 좋다. 즉 잠자는 시간과 일어날 시간을 일정하게 정해 놓고 지키는 것이 효과적이다.

필자의 경험으로는 잠들기 전에 누워서 복식(단전)호흡과 심호흡을 병행하면 몸이 풀어지면서 잠이 온다. 불면을 해결하기 위해서 한번 실행해 볼 만하다.

89

식품에는 양면성이 있다

식품은 함량에 차이가 있으나 여러 가지 성분이 섞여 있는 다성분계 식품 재료로부터 만들어진다. 식품의 원료가 되는 생물체는 부위에 따라 성분적인 차이가 뚜렷하다. 그렇기 때문에 어느 부위를 먹느냐에 따라 성분의 섭취 효과도 달라진다.

동양철학에서 말하는 음과 양은 만물에 공존하지만 물체에 따라 그의 음력(陰力)과 양력(陽力)의 차이가 있다. 이와 마찬가지로 식품에서도 좋은 성분이 있는가 하면 이롭지 못한 성분이 공존하게 마련이다.

우리 식생활에서 어느 식품을 평가할 때 장점이 되는 유용한 성분이나 기능만을 강조하고 유해물질이나 단점이 될 수 있는 성분이나 기능성은 무시되거나 감춰지는 경우가 많다. 이런 것은 식품이 상품화될 때 더욱 그러하다. 다시 말해 아무리 좋은 식품이라 하더라도 그 속에 유용한 성분이 있지만 아직까지 밝혀지지 않은 성분이 있을 수 있다는 것이다.

그러므로 평소에 보편적으로 먹어 오던 식품이 아닌 것을 먹을 때는 장점만을 생각하거나 상업적인 정보에 동요되어 한꺼번에 많이 먹거나 장기간 먹으면 본의 아니게 유해 성분이 축적될 수 있고, 또 그 성분이 질병 유발 물질에 상승적으로 작용해서 질병이 악화될 수 있다.

이러한 식품의 양면성으로 보아 여러 가지 식품을 조금씩 골고루 섭취하는 것이 좋다. 이롭지 못하다는 소문에 그 식품을 전적으로 피한다든지 또는 좋은 성분이 있다고 그 식품만을 많이 먹는다든지 하는 식의 식생활은 무리이다.

예를 들면, 계란에는 많은 양의 콜레스테롤이 들어 있는 반면 콜레스테롤을 녹여내는 레시틴도 어느 식품보다 많이 들어 있다. 그래서 달걀이 나쁘다고 무조건 먹지 않는 것은 좋지 않다. 또 시금치에는 수산이 많이 들어 있어서 영양 방해 기능이 있지만 카로텐과 미네랄, 섬유소, 엽록소 등이 들어 있어서 좋은 식품이다. 또한 지방은 비만을 유발하기도 하지만 건강과 생명을 유지하는 데 필수성분인 필수지방산이 들어 있다. 그리고 새우에는 콜레스테롤이 많이 들어 있는 반면 새우 껍질에는 혈압을 내려주는 카이틴이 들어 있다. 문어나 오징어에도 콜레스테롤이 많지만 혈관계질환 예방에 좋은 HDL-콜레스테롤이 많아 나쁜 LDL-콜레스테롤을 제거하는 효과가 있고 혈압의 강하와 조절기능을 하는 타우린이 들어 있다고 한다.

이처럼 식품엔 양면성이 있으므로 골고루 먹으면 성분 상호간에 조화와 해독 및 배설작용이 일어나 건강을 유지할 수 있다.

식품의 양면성을 알고 나면 편식이 왜 건강에 해로운가를 이해하는 데 도움이 될 것이다.

90
·

녹혈의 맹점

포유동물의 피는 위생적으로 문제가 없으면 어느 것이나 좋은 영양식품이 될 수 있다. 사슴의 피(녹혈)만이 아니라 돼지 피나 소 피, 오리 피 등은 양질의 단백질과 철의 공급원이다.

우리가 전통적으로 애용해 온 피를 재료로 한 식품은 바로 순대이다. 순대는 동물의 피로 만들어지지만 가열 과정을 거치기 때문에 기생충의 위험이 없는 단백질과 철분 공급 식품으로 훌륭하다.

요즈음 여유 있는 가정에서는 청소년들에게까지도 사슴의 피를 비롯해 각종 피를 먹게 하는 어른들이 있는데, 생피를 무방비 상태로 먹는 것은 매우 위험하다. 동물의 생피에는 대개 기생충에 이환되어 있을 가능성이 크기 때문에 이런 피를 먹게 되면 간질을 일으키는 등 건강에 치명타가 될 수 있다.

또 문제는 동물을 산채로 포획해야만 응고되지 않는 피를 채취할 수 있기 때문에 채혈 대상 동물에 마취 총을 쏘아 혈액을 채취하는 경우가 많다. 이렇게 되면 피 중에 마취약 성분이 잔류하게 되어 생피를 먹으면 마취약도 함께 먹게 되는 셈이다.

간혹 녹혈을 먹고 났을 때 졸음이 오는 경우가 있는데, 이를 약이 되려는 명현현상이라고 설명하지만 이것은 마취 성분이 몸으로 침투되었기 때문일 수도 있다.

따라서 건강과 수학능력의 향상에 도움이 될까 하는 생각에서 청소년들에게 생피를 먹이는 것은 돈들이고 건강을 해치게 할 위험이 있으므로 먹이지 않는 게 좋다.

91
·

건강은 신체의 영양·정신·운동 균형을 반영

건강한 생활을 영위하기 위해서는 의식주 환경인자를 충분히 충족할 필요가 있다. 이 중에서도 음식물은 건강 유지 증진에 있어서 가장 중요한 인자이다. 우리가 하는 일상의 식사는 완전하게 영양소 균형이 이루어지지 않는 경우가 많다. 그러나 생체는 음식의 영양이 불균형해도 바로 영양소 부족에 이르지는 않는다. 그것은 인체가 일시적인 공급 부족에 대응하는 예비능력을 가지고 있기 때문이다. 그러나 음식물의 선택 폭이 좁고 그것이 습관적으로 계속되면 예비능력을 다 사용해 버림으로써 결핍증이 생기게 된다.

이렇게 예비능력이 낮아진 상태에서는 얼핏 보기에 건강해 보이지만 육체적·정신적으로 피곤하게 되고 피부가 거칠어지거나 성인병에 걸리기 쉬워진다.

현재 한국 사람들은 다량의 식품 섭취와 선택 폭이 넓어진 시대에 살고 있기 때문에 한국인 전체를 평균적으로 볼 때는 영양이 충족된 수준이라고 할 수 있지만 개인적으로는 불충분한 경우도 많다.

또 하나의 건강 조건은 운동과 휴양이다. 운동능력을 효과적으로 늘리기 위해서는 양호한 영양 상태에서 할 필요가 있다. 동물은 신체를 지지하는 뼈와 근육을 잘 발달시키는 것이 운동능력과 건강 증진에 중요하다.

아름다움은 건강한 신체를 반영하는 것으로 전신의 발달 균형과 피부의 외관에 유래한다. 피부의 외관은 윤기와 탄력감이 있고 혈액의 순환 상태가 양호하여 혈색이 좋아야 한다. 결국 피부의 외관은 사람의 영양 상태와 신체의 건강 상태를 반영한다는 것이다.

세계보건기구(WHO)가 1946년에 발표한 건강에 관한 정의에서 '건강이란 신체적·정신적 그리고 사회적으로 완전하게 양호한 상태이고, 단지 질병이 없거나 허약하지 않다는 것만은 아니다'라고 하였다.

건강이란 우리 몸과 그 환경과의 관계를 반영하는 능력이다. 건강은 몸이 효과적인 적응이나 개체를 둘러싼 것에 상반되는 힘에 대해서 연속적이고 동적으로 좋은 방향으로 조정이 이루어지고 있으며, 개체와 그 환경과의 사이에 균형을 취하고 있는 것이라고 말할 수 있다.

이에 반해서 질병이란 이들 관계가 균형이 깨지고 몸의 조정 능력이 상실된 상태를 말한다. 그렇지만 몸은 변화가 심한 생활 환경 속에서 가해지는 압력에 대해 저항하거나 또는 적응하여 생리적인 항상성(homeostasis)을 유지하는 경향이 있다.

그러나 어느 시점에서는 건강하다고 판정되어도 다른 시점에서는 이상으로 평가될 수 있는 가변성이 크다. 그러므로 건강이나 질병은 죽음에 이르는 연속적인 변화라고 말할 수 있다.

건강에 악영향을 주는 요인은 대단히 많다. 그 중에서 특히 중요한 것이 영양이다. 생명 유지나 성장발육, 활동 등 모두가 영양소에 의해서 영향을 받기 때문에 영양 균형의 유지 없이는 이들의 목적을 달성할 수가 없다.

92
•
식중독이 일어나기 쉬운 식품과 일어나지 않는 식품

식중독은 주로 식품에 오염된 세균이나 취급 과정에서 오염된 균에 의해 일어나기 때문에 기온이 높은 여름철에 많이 발생한다. 세균의 생육과 증식은 다른 생물에서와 마찬가지로 환경의 온도와 산도, 영양 등에 크게 영향을 받는다. 그러므로 이 중 어느 한 가지만 결여되어도 균이 생육할 수가 없어 식중독을 예방할 수 있다.

이 중에서도 음식의 산도는 식중독 발생 여부와 식중독균의 오염 여부를 판단하는 데 중요한 기준이 된다. 일반적으로 pH값이 4.0 이하인 식품에서는 대개 식중독을 일으키는 세균의 오염이 거의 없다. 다시 말해 일반적으로 신맛이 나는 식품에는 식중독을 일으키는 균이 거의 살 수 없다는 것이다.

우리가 먹는 사과나 복숭아, 살구, 매실, 키위라든가 잘 익은 김치에서는 여러 가지 유기산이 존재하여 세균이 자라는 데 부적당한 환경이 된다. 때문에 식중독의 위험이 없다. 그러나 고기나 생선, 밥, 빵, 떡처럼 신맛이 없는 것은 보관이나 취급이 잘못되면 세균성 식중독을 일으킬 수 있다.

인위적으로 식품의 산도를 조절해서 식중독의 예방 효과를 내는 것으로는 초밥, 김치전, 피자, 요구르트, 초절임, 김치 등이 있다. 또한 유기산을 함유한 식품을 적절히 사용하면 학생들의 여름철 도시락 반찬의 식중독을 방지하는 데 실효를 거둘 수 있다. 예를 들면, 도시락 반찬으로 신맛이 있는 김치나 초절임 채소를 다른 반찬과 함께 넣어 가면 식중독을 예방할 수 있다.

이렇게 인류는 산에 의한 식중독 예방 기능이 자연적으로 혹은 인위적으로 활용된 덕택으로 많은 질병을 예방할 수 있었던 것이고 그 결과 인구가 번창하게 되었다고 해도 과언이 아니다.

건강을 잘 유지하려면

건강을 유지하기 위해서는 건강을 방해하는 요인을 최소화하는 노력이 필요하다. 건강은 사고방식이나 생활습관 등과 상관관계가 있다. 불필요한 욕심이나 질투, 시기심은 건강에 매우 해롭다. 그리고 무절제한 체력 소모와 불규칙적인 식생활과 활동, 잘못된 식생활 상식으로 음식을 섭취하는 것, 과식과 음주, 흡연, 지나친 운동 등은 모두 건강을 해치게 된다. 그러므로 다소의 어려움은 마음으로 중화시키는 아량과 사랑, 양보심의 발휘가 필요하다. 또 쓸데없는 자존심은 버리고 자기가 하고 싶은 일을 재미있게 하는 것, 자기의 위치나 처지를 늘 자랑스럽게 생각하고 의미 있게 생각하는 여유 있는 생활 등은 건강에 상당히 도움이 된다.

비판을 위한 지나친 비판보다는 대안이 있는 합리적인 비판과 긍정적인 사고방식 또한 스트레스를 최소화하는 데 도움이 된다.

두뇌작용이 심한 청소년들은 공부를 할 수 있다는 현실에 만족감을 가질 필요가 있다. 그러면 생활의 권태감이 사라지고 건강도 좋아지며 성적도 향상될 것이다.

반면 공부하기 싫다거나 쓸데없는 망상에 사로잡히다가 성적이 떨어지기라도 한다면 그로 인한 심리적인 조급함이나 압박감은 건강을 해칠 뿐더러 스트레스를 쌓이게 하는 주요 원인이 됨을 알아야 한다.

94
•

중독성 음식은 절대 금물

일상생활에서 어른들에게는 허용되나 아이들에게는 허용이 안 되는 것이 더러 있다. 이러한 것은 식생활에서도 예외가 아니다. 그 대표적인 것으로 미성년자 음주 행위를 들 수 있다.

나이 든 사람이 마시면 별 문제가 안 되는 술을 어린 사람이 마시면 비행으로 보는 것은 아이러니가 아닐 수 없다. 더욱이 문제가 되는 것은 자의건 타의건 중·고등학교 시절에 술을 마시다가 만일 생활지도 선생님께 발각될 경우 그 학생은 학교생활을 제대로 하기 힘들게 된다는 것이다.

청소년 시절엔 호기심도 많고 분위기에 휩쓸려 술을 마실 기회가 의외로 많은데, 대학 입학 전에 술을 마시면 문제가 되고 대학생이 되어 술을 마시면 문제로 삼지 않는다.

어른 중에는 음주로 인해 가정이나 사회적으로 나쁜 영향을 끼치는 경우가 있다. 이처럼 미성년자가 음주를 해서는 안된다는 법적 제한보다는 먹어서 좋지 않은 음식이라면 어른들이 아예 만들지 말아야 하고 어른들 역시 먹지 말아야 하지 않을까.

절제력이 없는 청소년 시절에 어른들이 만들어 놓은 술을 마시고 문제아로 낙인찍히게 되는 본질적 원인 제공자는 바로 우리 어른들이다.

담배도 마찬가지다. 정부는 국민의 건강을 해치는 담배를 버젓이 팔고 있다. 선진국 중에서 담배를 전매사업으로 하는 나라는 눈 씻고 찾아봐도 없다. 정부는 세수를 늘이기 위해 국민들에게 담배를 피우게 하고 또 국가는 담배로 인해 발생되는 질병 치료에 국민이 낸 의료보험금을 축내는 우를 범하고 있다.

흡연으로부터 오는 피해는 건강을 해칠 뿐만 아니라 담뱃불로 인해 산불이나 건물 또는 각종 재물에 화재를 일으켜 막대한 피해를 가져오고 있다. 그 외에 함부로 버린 담배 꽁초로 인해 거리가 오염되고 공중변소가 막히는 등 악영향이 한두 가지가 아니다.

최근 미국 국민은 담배 회사에 대해 흡연 피해 보상을 법에 호소하였다. 법원에서는 담배 회사가 담배를 팔아 국민의 건강을 해쳤으니 우리 돈으로 210조 원을 보상해야 한다는 판결이 나왔다. 우리 국민도 국제변호사협회의 지원을 받아 흡연 피해를 정부에 요구할 권리가 있다.

담배나 술로 인한 건강 장해나 가정과 사회적인 문제, 의료비의 증가 등의 문제를 최소화하기 위해 정부는 술과 담배로부터 국민의 건강을 보호하는 데 최선을 다해야 한다. 흡연은 자기를 해침은 물론 타인의 건강도 해치는 행위이기 때문에 엄하게 책임을 물어야 한다. 담배 중독은 아편 중독보다도 더 무서운 중독일 수 있다.

우리나라는 OECD에 가입한 나라이다. 그런데도 정부는 아직도 중요한 세원을 담배 전매사업으로 하고 있으니 참으로 창피한 일이 아닐 수 없다. 담배 전매사업이 우선은 국가의 세원이 되겠지만 결과적으로는 담배를 피워 생기는 국민의 건강 피해를 정부가 담배를 팔아서 번 돈보다도 더 많은 세금을 써야 하는 우를 범하는 셈이 된다. 그러므로 지금부터라도 OECD 가입국답게 국민을 보호해야 한다.

결론적으로 정부는 난로로 방을 덥히기 위해 덮고 잘 이불들을 연료로 사용하는 우를 범하지 말아야 한다는 것이다.(116항 참조)

95
•

금기식은 과학적 근거 없어

나라나 종교에 따라 여러 가지 금기식이 있다. 그런데 이런 금기식을 보면 거의가 과학적으로 근거가 없는 것들이 많다.

우리는 식생활에서 무엇은 먹어서는 안된다는 말을 흔히 듣는다. 특히 임신 중인 여자에 해당되는 경우가 많다. 즉 문어를 먹으면 머리가 큰 아이를 낳고, 복어를 먹으면 잠잘 때 이를 갈고, 오징어는 기형아, 붕어는 눈이 튀어나오고, 닭고기는 살갖이 닭살이 되고, 토끼고기는 언챙이를, 오리는 손발이 붙은 아이를 낳는다는 등 금기식이 아주 많다. 그러나 이런 것은 과학적 근거가 없는 것들이 단지 형태적인 것에 근거를 둔 나쁜 상상에 불과할 뿐이다.

임신 중에 이런저런 동물성 식품을 다 피하다 보면 먹거리가 넉넉지 않던 때의 임산부들은 영양실조에 걸릴 경우가 많았지 않았나 하는 짐작을 해 본다.

음식물이 몸에 들어가면 식품 덩어리가 몸의 일부와 교환되는 것이 아니라, 분자 수준으로 소화 흡수된 다음 산산이 분해되어 분자 상태로 몸 속을 돌다가 필요에 따라 서로 결합하여 우리 몸을 구성하게 된다. 때문에 이런 금기식에 대한 이야기는 재미로 생각될 뿐 지킬 가치가 없는 속설에 불과하다.

그런데 음식물 중에서 개인에 따라 복숭아나 돼지고기, 땅콩, 귤 등에 알러지가 있는 경우에는 금식하는 것이 좋다. 이러한 알러지 반응이 있는 사람은 소량씩 먹어 가며 적응해 보는 것이 식생활을 다양화하고 식습관을 좋게 하는 데 도움이 된다.

과량의 지용성 비타민 섭취는 부작용 일어나

비타민은 편의상 용해성을 기준으로 지용성 비타민과 수용성 비타민으로 분류되고 있다.

지용성 비타민은 지방이나 유기 용매에 녹는 것을 말하는데 이는 간이나 지방 조직세포의 피하지방에 저장되며 체내에서 분해되는 기전이 없어 대체로 조직 내에 오래 보유된다. 따라서 과다 섭취를 하게 되면 역효과가 나타나기 쉽다. 또한 지용성 비타민은 지방같이 섭취되어 소화 흡수되기 때문에 지방이 없는 식사를 계속하게 되면 지용성 비타민의 결핍이 일어날 수 있다.

그리고 수용성 비타민은 물에 잘 녹는 비타민으로 지용성 비타민과는 달리 과다 섭취하면 신장을 통해 쉽게 배설되므로 매일 적량 먹거나 적어도 수일 안에 섭취하는 게 좋다.

미국 성인의 50% 이상이 정규적으로 비타민을 보충하고 있으며, 어떤 경우에는 권장량의 150%가 넘을 정도까지 복용하고 있다고 한다. 7천만 정도로 추산되는 사람들이 연간 1인당 60불 정도를 비타민과 무기질 보충을 위해 쓰고 있다. 이 중 약 80%에 해당되는 사람들이 과량의 비타민 섭취가 적절한 음식 섭취와 무관하게 최적의 건강 상태를 유지하는 데 필수적이라고 생각하고 있다.

영양학자들이 걱정하는 점은, 어떤 사람들은 정규적으로 권장량의 10배 또는 천 배까지도 과잉 복용하고, 또한 비타민 보충이 그들의 건강 상태나 체력 유지 또는 노화를 방지해 준다고 믿고 있다는 것이다. 이러한 영양 과잉 섭취는 종종 역효과를 내고 때로는 비참한 결과까지 만들고 있음을 알아야 한다.

일례로 1985년부터 1990년까지 매년 약 5,000명의 사람들이 비타민 과잉 복용으로 인한 부작용 때문에 치료를 받아 왔다. 경제적인 면을 고려해 볼 때 매우 비싼 비타민의 섭취 방법이다. 모든 비타민의 영양권장량을 다 포함하는 한 알의 종합비타민 제제를 만드는 데 드는 비용은 1센트이며, 제제회사는 1,300%의 이윤을 남기고 있다. 이러한 현실을 감안할 때 비타민을 영양제에 의존하는 것보다는 균형 있는 식사를 통해 섭취하는 것이 부작용도 없고 경제적이다.

97
•

공부방의 공기는 신선하게

정상적인 생활을 하는 데에 신선한 공기는 매우 중요하다. 원활한 산소 공급과 여러 가지 유해물질은 컨디션에 많은 영향을 끼친다. 실내의 공기가 좋지 않으면 마치 오래 된 차 안에서 멀미로 시달리다가 그날의 공부나 시험을 망치게 되는 것과 같다.

부엌은 가족의 식생활을 위해 필요한 공간이면서 가족 건강의 원천이라 할 수 있다. 그런데 요즈음은 주거환경 구조의 변화로 부엌이 거실과 겸해지고, 더욱이 고층 아파트가 생기면서 부엌이 땅에서 지상으로 고공화되어 가고 있다.

옛날엔 부엌이 방과 분리된 별도의 공간으로 밥을 준비하는 곳이었고 준비된 밥을 방이나 마루에서 먹었었다. 그래서 남자들이 부엌에 들어가는 것은 드문 일이며 오직 여자의 활동 공간이었다.

그런데 재래식 부엌이 입식화되고 아파트 생활이 증가되면서 이제는 부엌을 주부가 주로 쓰긴 하지만 가족 모두가 드나들고, 손님이 오더라도 공개된 공간이 되어 부엌 치장에 무리를 하는 주부들이 늘어났다.

이러한 현대식(개량식) 부엌은 조리의 편리성이나 시각적 아름다움은 있을지 몰라도 취사하는 동안 발생하는 가스가 생활 공간으로 확산되고, 특히 튀김이나 전을 부칠 때 발생하는 유해한 기름 연기(아크로레인)가 우리의 생활 공간을 크게 오염시키고 있음을 알아야 한다. 따라서 우리는 외형적으로 볼 때 상당히 쾌적한 환경에서 살고 있는 것 같지만,

실제로는 유사 이래 가장 나쁜 주거 공간에 살고 있다고 해도 과언이 아니다.

　이처럼 오염된 생활 환경은 요즈음 호흡기 계통 환자가 늘어나고 있는 상황과 무관하지 않다. 따라서 아파트 생활에서 실내 환기 문제는 공부하는 학생의 환경 공간의 산소 부족 문제와 유해 가스 배출을 위해서 소홀히 할 수 없는 공통 문제가 되고 있다.

98

좋은 식품의 의미

식품(食品:food)의 食(식)자는 사람인(人)자와 좋을 양(良)자와 3개의 입구(口)자가 합쳐진 단어로 사람에게 해가 없으면서 영양소가 함유된 먹거리라는 뜻으로 풀어서 생각할 수 있다.

실제로 식품위생법에서 식품을 규정하고 있는 정의는 '식품이란 사람에게 필요한 영양소를 한 가지 또는 그 이상 함유하고 유해한 물질을 함유하지 않은 천연물 또는 가공품을 말한다'로 되어 있어서 한자인 食(식)의 의미를 충분히 내포하고 있다.

인간은 살아 있는 한 생명체로서 다른 생물처럼 시시각각으로 변화하는 수많은 종류의 라이프사이클(life-cycle)을 영위하는 동적(dynamic) 상태 하에 살아가고 있다.

이러한 대사를 유지하기 위해서는 광합성 근원의 식품을 끊임없이 섭취하고 불필요한 대사 산물을 배설해야만 한다.

이와 같이 생명을 유지하기 위해서 생체 내에서 진행되고 있는 물질적 현상을 영양(營養:nutrition)이라 하고, 영양을 위하여 외부로부터 섭취해야 되는 물질을 영양소(營養素:nutrients)라고 한다.

사람이 식사를 하는 행위는 결국 식품으로부터 인간이 필요로 하는 영양소를 섭취하기 위한 것이다.

99
·

가공된 음료보다는 생과일을

우리는 갈증이 날 때 대개 물이나 음료수를 찾게 된다. 그런데 이러한 것들보다는 과일이나 채소가 갈증 해소는 물론 영양 보충면에서도 좋다.

과일과 채소에는 수분이 80% 이상 들어 있어서 일반 음료와 맞먹는 수분 섭취 효과가 있다. 그래서 과일이나 채소는 포장 없는 물통과 같아 바이오 물통이라고 불릴 정도다.

즉 어떤 과일은 100g 정도 먹으면 물을 약 80g 이상 마신 셈이 된다. 또한 과채류에는 당분과 미네랄 및 비타민이 듬뿍 들어 있어서 기분전환과 영양 간식 및 갈증을 가시게 하는데 플러스 효과를 준다는 것이다.

그리고 과일이나 야채 속에는 과학적으로 명쾌한 결론은 아직 얻지 못한 상태이나 사람의 생체 성분과의 친화력이 아주 강하여 건강을 유지하는 데 좋은 육각수도 많이 들어 있는 것으로 알려져 있다.

따라서 이런저런 특성으로 볼 때 과일과 야채야말로 바이오 워터(biowater)라고 해도 좋다.

100
·

올바른 식생활과 적당한 운동은 건강의 양 수레바퀴와 같아

건강하게 살려면 운동을 해야 한다고 권하는 사람이 있는가 하면, 어떤 이들은 그렇지 않다고 하며 운동을 많이 한 운동선수들의 단명한 예를 들고 있다.

이 말은 둘 다 옳다. 운동선수가 예상 외로 건강하게 오래 살지 못하는 경우가 많은 것은, 프로 운동선수들이 하는 운동은 건강을 위해서 하는 것이 아니라 오로지 승리와 돈과 기록 향상이라는 강박관념 속에서 하기 때문에 몸에 무리가 되고 동시에 스트레스가 지속되어 건강을 해치는 결과를 초래한다. 그러나 적당한 운동은 만병 예방에 유효하다는 게 정설이다.

따라서 올바른 식생활과 적당한 운동은 건강의 양 수레바퀴를 건실하게 하는 것과 같다.

101
·

운동을 한 사람과 하지 않은 사람

한 연구에 의하면 40대 이후부터 운동을 한 사람과 그렇지 않은 사람 사이에 연령이 높아짐에 따라 사망률을 비교한 결과, 운동을 한 사람은 나이가 70이 넘어도 사망률에 별 변화가 없었으나 운동을 하지 않은 경우에는 사망률이 크게 증가한 사실을 알 수 있었다.

이는 생리학적으로 볼 때 자명한 결론이다. 운동을 하게 되면 신체의 각 기관이 운동을 하지 않을 때보다 산소와 영양물질을 충분히 공급받게 되어 각 세포가 항상 젊은 상태를 유지하게 된다. 그래서 심장이 튼

튼해져 혈액순환이 원활해지고 폐기능이 좋아져서 충분한 산소

를 섭취할 수 있게 된다.

또한 내장 기능이 좋아져서 소화도 잘 되고 뼈가 튼튼해져 골다공증이 예방되고 뼈에서의 조혈작용이 증대된다.

혈액의 중요한 성분은 뼈에서 만들어지기 때문에 뼈가 튼튼하지 않으면 건강에 여러 가지 문제가 생기게 된다. 따라서 성인병 예방은 물론 건강증진을 위해서는 적당한 운동을 생활화하는 것이 바람직하다.

102

운동은 적당히

과거 기계문명이 발달하기 전에 우리 조상들은 생활 그 자체가 운동이었다. 당시에는 발로 걷고 손으로 작업하는 등 근육운동을 많이 했기 때문에 일부러 운동을 해야 할 필요가 없었다.

그런데 생활 패턴의 변화로 근육운동이 줄어든 현대인들은 운동 부족으로 오는 문제를 해결하기 위해 운동을 위한 별도의 시간과 노력을 할애해야만 하는 시대에 살고 있다.

모든 일에는 정도가 있듯이 건강을 위한 운동에서도 강도와 횟수가 중요하다. 어떤 운동이든 무리하지 않아야 된다. 운동 과다는 건강을 해치는 요인이 되기 때문이다.

적당한 운동은 연령이나 컨디션 등에 따라 다른데 약간 숨이 차도록 하루에 30~60분 정도로 일주일에 5~6일 하는 것이 적당하다. 운동은 속보나 조깅, 에어로빅 그리고 수영과 같이 전신 지구력을 요하는 운동을 주로 하면서 동시에 중량 운동인 웨이트 트레이닝을 하면 효과적이다.

몸에 특별한 이상이 없고 건강한 경우에는 테니스나 축구, 배구, 농구 등 자기가 평소에 좋아하는 운동을 즐기면서 하는 것도 괜찮다.

그러나 운동을 맹목적으로 하다가는 오히려 건강을 해치는 수가 많다. 건강하던 사람도 자기의 건강을 너무 과신하고 과도하게 운동하다 보면 불의의 사고를 당하는 수가 있다.

건강이 좋지 않은 사람은 늘 운동의 필요성을 느끼면서도 운동 실행 의지가 약해 실천하지 못하고 있다.

또 어떤 청소년은 갑자기 과도한 운동을 하여 학업에 지장을 초래하거나 건강을 해치는 경우도 종종 있었다.

운동에도 절차와 정도, 지속성이 요구된다는 것을 알아야 한다. 그리고 운전 후에는 감각 준비운동과 정리운동이 필요하다. 운동도 식사 때와 마찬가지로 과유불급(過猶不及)이란 말이 아주 합당한 진리이다.

암 예방에 도움이 되는 식생활

　암은 의과학이 고도로 발달된 현재에도 인류가 아직도 정복하지 못하고 있는 공포의 질병이다.

　사망률로 볼 때 암은 우리나라 성인 사망 원인의 1, 2위에 올라 있고, 미국의 통계를 보면 미국인의 3분의 1이 암에 걸리게 되며 암 환자의 수는 매년 증가 추세에 있다.

　현재 암 치료법은 경제적·인적 투자에 비해 만족할 만한 수준에 이르지 못하고 있다.

　인체가 암 유발물질(발암원)에 지속적으로 노출되게 되면 정상적인 세포분열 조절 메카니즘에 이상이 생겨 비정상적으로 세포가 빠르게 증식하는 변이세포가 생기는데 이것이 바로 암세포이다. 정상세포는 그것이 이루는 각 기관의 생리적 기능에 맞게 증식이 조절되는 데 반해 변이된 악성 종양세포는 정상적인 조절 메카니즘에서 이탈하여 대체로 급격히 증식한다.

　또한 암세포는 주변의 정상 조직을 쉽게 침범해서 이웃 세포로 퍼져 나갈 수 있고, 급격한 성장 단계에서는 필요한 영양분을 마련할 수 있는 능력도 갖추고 있다.

　현재 통용되고 있는 항암 요법으로는 수술 요법과 방사선 요법, 화학 요법, 면역 요법, 민간 요법 등이 있으나 이러한 항암 요법들은 한결같이 제한이 따르며 심각한 부작용으로 인해 치료 효과의 득실을 따지기 어려운 경우가 많다.

　그 중 정상세포 가운데서도 비교적 분열이 빠른 세포들이 더

심한 영향을 받게 되므로 빈혈이나 위장장애, 탈모 등의 부작용이 생기고, 아울러 면역체계에 균형을 깨뜨려 신체의 자연적인 저항력이 급속히 떨어진다.

이러한 현실이므로 암은 치료보다 예방에 힘써야 한다. 암은 암을 일으키는 물질에 계속적으로 노출되면 수주, 수년 또는 수십 년 후에야 발병되기도 한다. 따라서 암 예방을 위해서는 청소년기부터 식생활 패턴을 중심으로 신경을 써야 한다.

암 예방을 위한 식생활을 소개하면 다음과 같다.

암 예방에 도움이 되는 성분으로는 비타민과 미네랄을 들 수 있다.

비타민C는 위암과 식도암, 자궁경부암, 대장암, 백내장, 파킨슨병 등의 발생을 낮춰 주고, 비타민E는 방광암, 폐암, 위암, 당뇨병 합병증을, 베타카로틴은 폐암, 위암, 당뇨병 합병증을, 그리고 셀레늄은 피부암, 폐암, 유방암, 심혈관 질환을 예방해 주며 암으로 인한 사망률도 크게 떨어뜨려 준다.

미국 국립암연구소(NCI)는 지난 1986년부터 5년간 중국과학원과 합동으로 실시한 실험에서 베타카로틴을 비타민E와 복합 처방했을 때 위암 발생률이 21%였고, 전체 암으로 인한 사망률이 13% 감소한 것으로 나타났다. 또 1987년부터 6년간 핀란드인 2만 9천 명을 대상으로 한 실험에서는 베타카로틴을 섭취한 사람이 그렇지 않은 사람보다 전립선암이 34%, 대장암은 16%나 적게 걸린 것으로 나타났다.(114항 참고)

104
•

무병장수하려면

사람이 일평생을 사는 데 건강하지 못하고 병들어 오래 사는 것보다 불행한 일은 없다. 그러므로 모든 사람들이 무병장수를 기원하는 것이다.

요즈음 성인병이라는 말을 흔히 듣게 되는데 성인병이라는 병명은 원래 의학용어가 아니다. 사람은 나이가 들면서 만성퇴행성 질환이 생기게 되는데 그것이 성인기에 주로 발생한다고 하여 약 30여 년 전부터 일본 의학계에서 사용하기 시작한 질병군을 말하는 것이다.

우리나라에도 약 30여 년 전부터 식생활과 의료서비스 수준의 향상으로 과거에 사망 원인의 톱을 차지하고 있던 폐결핵을 비롯하여 각종 감염성 질병이 격감되었고, 대신에 비감염성 질병인 뇌졸중이나 심근경색, 암, 당뇨 등에 의한 사망이 상대적으로 증가 추세를 보이고 있다.

이러한 성인병의 발병율 증가는 물론 평균 수명이 연장된 결과이기도 하나 성인병은 간단한 약물 치료로 예방되는 질병이 아니어서 더욱 심각한 사회문제가 되고 있다.

성인병의 위험률은 유전인 경우와 나이가 많아지면서 높아지고 있다. 경제 성장으로 식생활이 서구화되는 반면 운동이 부족된 상태에서 증가하고 있다.

성인병 발병율이 생활환경의 영향이 크다는 것은 일상생활에서 조심만 하면 예방할 수 있거나 그 진행 속도를 어느 정도 늦출 수 있다는 뜻이 된다. 따라서 생활패턴은 질병 예방의 열쇠가 된다.

유병장수로부터 무병장수하기 위해서는 바른 식생활과 쾌적한 환경, 적당한 운동, 스트레스 해소, 긍정적인 사고, 사랑하는 마음의 실천이 중요하다.

결론적으로 차가 녹슬기 전에 페인트를 칠해야 차체가 오래 가는 것처럼 건강관리에 대한 관심과 노력은 빠르면 빠를수록 좋다.

주부의 고정관념 가족의 건강에 영향 커

　이 세상에는 문제 어린이 못지 않게 문제 어머니도 더러 있다. 청소년의 식생활을 주관하는 주부 중에는 새로운 식생활 상식을 받아들여 엉터리 광고나 선전으로부터 얻은 잘못된 지식을 수정해 나가지만, 고지식하고 보수적인 주부는 자기의 조리법이나 식품 선택을 최선으로 생각하는 이들이 많다.

　이런 주부 밑에 있는 가족은 주부의 식생활에 의해서 건강이나 식습관이 바람직하지 못하게 될 수 있다. 즉 너무 맵거나 짜게 한 음식을 오래 먹어 위가 나빠지거나 고혈압, 동맥경화에 걸리거나 기름을 많이 사용하는 튀김을 자주 만들어 주어 비만이 되게 하거나 라면이나 청량 음료를 많이 주어 체질이 산성화되어 뼈나 치아가 약해지기도 하는 경우 음식을 오래 조리해 영양소 파괴로 영양소 부족이 일어나기도 한다. 그리고 음식을 태워 영양소를 손실시키고 위해 성분이 생성된 음식을 자주 주어 암을 유발하게 할 수도 있다. 마른 채소를 잘못 보관해서 곰팡이가 생겨 간암에 걸리게 하거나 먹고 남은 식품을 잘 가열하거나 냉장시키지 않고 두었다가 식중독에 걸리게 하는 등 오래 된 쌀이 좋다 하여 묵은 쌀로 밥을 하는 것도 바람직하지 못하다. 또한 씻지 않아도 되는 청결미를 여러 번 씻어 영양소를 유실시키거나 사용한 지 오래 된 기름을 먹게 하여 건강을 해치게 하는 등 잘못된 식생활 지식과 습관을 가진 주부들을 종종 볼 수 있다.

이러한 주부에 의해 이루어지는 식생활은 참으로 위험하다. 식사는 튼튼한 집을 지을 때 필요한 양질의 벽돌과 같다. 편의주의에 지나치게 치우친 나머지 가공식품이 주가 되는 식단은 남편이나 자녀들의 건강에 결코 바람직하지 않다.

106
·

먹거리는 태양과 인간 사이의 고리

태양과 인간과의 연결고리인 먹거리(식품)의 좋은 질과 충분한 양을 확보하는 일은 개인과 가정, 국가의 존속을 위해서 지상 최대의 목표일 수밖에 없다. 왜냐하면 배고픈 사람은 질병에 걸리기 쉽고 활기찬 생활이 불가능하여 부를 누릴 수 없고 절망과 좌절로 희망 없는 삶을 살아가야만 하기 때문이다.

배고픈 국민은 문화 발전의 수레를 이끌어 갈 수 없고, 배고픈 군대가 전쟁에서 승리할 수는 없다. 먹거리가 부족한 나라에서는 유능한 지도자가 있어도 국가 발전은 물론 자유와 평화를 유지하기 어렵다.

먹거리가 없는 사람은 가솔린이 떨어진 자동차보다도 더욱 심각하게 된다. 자동차는 사용하기 전에 가솔린을 넣으면 움직이지만, 사람은 생명을 유지하기 위해서 일생 동안 꾸준히 최소한의 영양소를 섭취해야 하고 만일 장시간 최소한의 영양소마저 섭취하지 못하면 건강이 회복 불능 상태가 되어 죽고 만다. 이 상황은 인간과 태양 사이에 형성된 생명줄(식품)이 절단된 것과 다름이 없다고 할 수 있다.

107

음식 한두 가지쯤은 조리하는 방법을 알아 두자

우리가 먹고 있는 음식 중에 과일류를 제외하고는 대부분이 다양한 조리 과정을 거쳐야만 맛이 있고 소화도 잘 되고 위생적으로도 안전하게 된다. 그런데 음식 조리가 잘못되어 지나치게 짜거나 맵거나 또 너무 과열되거나 설익은 것 또는 잘못 보관되어 변질된 음식은 먹을 수가 없다.

요즈음 입시전쟁으로 고생하는 청소년들은 물론 여학생들까지도 옛날과는 달리 어머니가 지어 준 음식만으로 가정에서 식사를 하는 게 보통이다. 그래서 청소년들은 자기가 먹는 음식이 어떻게 조리되고 보관되는가를 잘 알지 못한다.

자기가 먹는 음식 한두 가지쯤은 조리하는 법을 알아 두는 것이 좋다. 그래야 위생적인 식생활 방식을 이해하는 데 도움이 되고 학교에서 어설프게 배운 조리 지식을 실습해 보는 기회도 되며 스트레스 해소에도 좋을 뿐 아니라 어머니와의 관계 형성에도 좋다. 그리고 조리 과정은 학교에서 배우는 물리·화학 및 생물을 실험하는 과정으로서도 의미가 있어 과학현상을 이해하는 데도 도움이 된다. 또한 조리와 설거지를 해 봐야만이 음식물의 낭비나 음식 쓰레기를 줄여야겠다는 의지도 생기게 된다.

한편 과거에는 여자만이 음식을 하고 남자는 여자들이 만들어 주는 것을 먹기만 할 뿐 부엌에 들어가지 않는 것을 당연시해 왔다. 그러나 요즈음은 부엌이 실내에 있고 또 여성의 사회 참여로 남자들도 부엌에서 조리나 설거지를 분담할 필요가 있다.

또한 핵가족의 증가로 산모의 분만시나 병간호를 해야 할 경우도 있어서 남자들도 음식 조리 방법을 한두 가지쯤 익혀 둘 필요성이 있다. 이를 두고 유비무환이라고나 할까.

108

먹고 싶은 음식을 부모에게 말하자
- 가정의 식생활도 주문제나 옵션 여지를 두었으면 -

　청소년기는 일생의 어느 때보다도 균형잡힌 식사가 필요하다. 정상적인 성장과 두뇌활동에 필요한 것들을 어머니가 알아서 만들어 주면 다행이겠지만 사실은 그렇지 못한 경우가 많다. 그러므로 먹고 싶은 음식이 생각나면 어머니께 그것을 먹을 수 있도록 요청하는 것이 자신의 건강은 물론 학습능력 유지에도 좋고 어머니와 친밀한 관계를 형성하는 데도 도움이 된다.

　생리적 필요성은 대개 먹고 싶은 생각으로 반영되므로 뭔가가 몹시 먹고 싶은 음식이 생각나는 것은 생리적으로 부족하다는 것을 말해 준다.

　우리는 절대빈곤 단계에서 벗어나 이제는 선택의 식생활을 하며 살고 있다. 따라서 어떻게 보면 식생활에서도 민주성과 자율성이 많이 구가되고 있는 듯하나 사실은 주부의 식생활 방식 여하에 따라 1년 365일 동안 오직 주부가 선택한 음식으로만, 그 주부 특유의 조리 방식으로 조리한 것만 먹고 사는 사람들이 많다. 이처럼 일년 내내 가족의 의사 한번 묻지 않고 음식을 선택하는 주부를 필자는 부엌의 독재자라고 말하고 싶다.

　음식 취향은 한 어머니의 뱃속에서 나온 자녀들 사이에도 각양각색인 경우가 많다. 그러므로 가족의 식생활을 관리하는 데 있어서 시장에 가기 전에 또는 조리하기 전에 가족의 음식 취향을 한번 정도는 물어서 준비하는 주부가 되어야겠다. 이런 주부야말로 진정 민주적인 주부이며 지혜로운 주부가 아니겠는가. 이렇게 민주적으로 식생활을 관리하는 주부는 가족의 구심력을 유지하고 가족으로부터 항상 존경받는 어머니가 될 것이다.

109

비타민 섭취는 식사로부터

수험생을 둔 부모의 입장에 있는 사람들은 자녀들의 영양관리에 너무 과민하다 보니 TV나 신문의 영양제 선전에 쉽게 넘어가곤 한다. 만약 현실적으로 정상적인 식사를 한다면 비타민의 부족은 염려하지 않아도 된다. 그러므로 비타민을 영양제로 섭취하는 것보다 식사를 통해서 해결하는 것이 가장 바람직하다.

우리가 섭취하는 대부분의 음식에는 여러 가지 비타민이 들어 있다. 동물성 식품에서만 얻을 수 있는 비타민B_{12}를 제외한 나머지 비타민들은 녹색 채소의 잎과 뿌리에서 광합성을 통해 합성된다. 비타민은 이산화탄소와 물, 토양의 무기질과 태양에너지로부터 식물에 의해서 합성된다.

사람들은 채소와 곡식, 과일을 먹거나 아니면 이미 이런 사료고 기른 동물의 고기를 먹음으로써 비타민을 얻고 있다. 그러므로 비타민을 균형 있게 섭취하기 위해서는 음식을 골고루 먹는 것이 좋다. 왜냐하면 어느 한 식품만으로는 모든 비타민을 충족할 수 없기 때문이다.

110
•

바람직한 식습관은 어릴 적에 형성된다

습관이란 버릇이다. 음식의 경우에도 반복해서 먹게 되면 호감이 생기고 그 음식에 대해 어느덧 소화력을 가지게 된다. 그래서 사람들은 선택의 기회가 있을 때 평소에 자주 먹어 본 음식을 다시 선택하게 된다.

예를 들어 어려서 자주 떡을 먹어 본 사람은 커서는 물론 노년에도 떡을 좋아하게 된다. 그래서 어릴 적 식습관은 죽을 때까지라는 말이 있다.

우리 몸에서는 어떤 음식물이 소화기관에 들어올 때만 소화효소가 분비되는 경우가 많다. 고기를 먹으면 단백질을 분해하는 펩신이, 우유를 먹으면 젖당을 소화하는 레닌과 락타제가 분비된다.

단것을 전혀 먹지 않으면 단것에 대한 호감도가 낮고, 육식보다 채식을 주로 하다 보면 채식 체질로 고정되다시피 된다. 이처럼 인간은 식생활 환경(음식)에 적응하려는 본능이 강하여 모든 소화 대사나 생리적인 대사가 좋아하는 음식과 조화롭게 형성된다.

어릴 적 식습관은 부모의 식습관에 영향을 받는다. 그러므로 부모의 올바른 식습관 실행이 중요하다. 식습관 형성은 올바른 가정교육의 중요한 항목이라 할 수 있다.

대개 어린이들은 평소에 자신이 먹어 보지 않은 음식에 대해서는 거부감을 느끼며, 거칠고 맵고 짠 것을 싫어하는 반면 달고 부드럽고 깨물지 않고도 먹을 수 있는 음식이나 담백한 것을 선호하게 마련이다.

그러므로 어릴 적에 한번 몸에 배어 버린 식습관은 고치기 어렵기 때문에 올바른 식습관 형성을 위해서 주의할 필요가 있다.

　따라서 가정에서는 가능하면 어린이들이 선호하는 식품을 거칠고 질기고 매콤한 음식으로 다소의 변화를 주어 적응력이 생기도록 하여 편식되지 않는 식습관을 형성시켜 주어야 한다.

　그러나 대부분의 부모들은 매운 음식이나 거칠거나 질긴 음식을 먹는 것에 어린이가 불편을 느끼는 것을 애처롭게 생각해서 아예 매운 것이나 질긴 것, 거친 것을 배재한 식생활을 하게 하는 경우가 많다.

　이러한 과보호적 식생활 교육은 한국인다운 성품을 가지게 하는 데는 거리가 멀다고 생각한다. 이런 식으로 양육한 어린이는 세상살이에서도 어려운 것에 부딪치면 피하려는 소극적인 사람이 될 수 있다. 그러므로 식습관은 가정교육상 중요한 실천 항목이라 할 수 있다.

111

개봉된 통조림은 오래 두면 해로워

통조림은 전쟁의 영웅 나폴레옹 시대에 창출된 실용적인 식품 저장 방법이다. 이것은 인간의 활동 반경을 넓히는 데 크게 기여하고 있는 식품으로 요즈음 주스류나 주류, 죽 등 다양한 통조림 제품이 유통되고 있어 하루에 1~2개의 통조림을 먹게 되는 경우가 있는데, 한 가지 주의할 점은 통조림통의 코팅제로 주석을 도금하기 때문에 내용물의 종류와 공기와의 접촉 시간 등에 따라 주석이 용출되어 내용물에 혼입될 수 있다. 주석 도금을 하는 이유는 주석이 과일이나 야채의 맛, 향기, 색상, 비타민C 등을 장기 보존하는 데 도움이 되는 코팅 재료이기 때문이다. 그러나 주석을 다량 섭취할 경우 구토 증세나 중추신경계 장애, 칼슘대사 이상 등을 일으키고 컨디션을 나쁘게 하기도 한다.

한 실험에 의하면 개봉 당시 약 58ppm이던 것이 1일 후엔 125ppm, 3일 후엔 215ppm, 5일 후엔 281ppm으로 증가되었다고 한다.

이러한 주석의 용출을 막고 주석 섭취를 적게 하려면 통조림 통을 개봉했을 때는 바로 먹거나 남은 내용물은 유리그릇에 보관했다가 먹는 것이 좋다. 만약에 개봉된 지 오래 된 통조림이라면 먹지 말고 버리는 것이 건강상 좋다.

다시 말해 통조림 내벽 코팅 재료 중에는 환경 호르몬 성분이 들어 있을 가능성이 높기 때문에 통조림 식품은 가급적이면 먹지 않는 게 안전하다.

커피에도 양면성이 있다

커피는 남미에서 유래된 기호 음료이다. 이 음료가 대중화된 중요한 동기는 이렇다.

한 양치기가 하루는 양떼들이 커피 열매를 먹을 수 있는 곳을 지나쳤는데 그날 저녁에 양떼들이 저녁 내내 유별나게 잠을 자지 않고 서성이며 소리를 지르는 것이었다.

그래서 그 원인을 확인한 결과 낮에 커피 열매를 먹은 것과 관계가 있음을 알아냈다.

그 뒤 유럽에서는 교회에서 신자들이 밤 예배나 철야기도 시간에 졸지 않게 하는 데 커피가 쓰이기 시작했다고 한다.

사실 커피는 카페인이라는 성분이 들어 있어서 잠을 쫓아 주는 데는 효과가 있으나 지나치면 불면증을 일으켜 리듬이 깨질 수도 있다.

커피에 예민한 이들도 있는데 이러한 사람은 평소보다 맥박이 크게 뛰고 안정감을 잃을 수 있으며 공복에 마시면 설사를 하거나 복통을 일으키는 경우도 있다.

한편 카페인의 중독으로 하루에 몇 잔씩 마시는 사람도 있다. 이런 경우 철분 흡수가 방해되어 빈혈이 생기기 쉽고 피부가 거칠어질 수 있다.

평소에 커피를 자주 마시지 않았던 청소년들은 시험을 볼 때나 시험 전날엔 절대 커피를 마시지 않도록 해야겠다.

113

건강에도 설계도를 가지는 게 좋아

좋은 설계도가 좋은 집을 짓는 데 필수적인 것처럼 건강 유지에도 합리적인 식생활 계획을 세우는 게 좋다. 부실 설계나 부실 시공을 하면 언젠가는 무너지고 마는 것처럼 식생활에서도 마찬가지임을 알아야 한다.

건강관리에 부주의하면 성수대교가 붕괴되고 삼풍백화점이 무너지듯 건강이 무너져 여생을 불행하게 보내거나 세상을 떠나는 사람들을 주변에서 많이 볼 수 있다.

건강한 삶을 위해서는 하나의 충실한 벽돌과 같은 식사가 매우 중요하다. 그렇기 때문에 하루에 세 끼 식사를 충실히 하고 동물성 식품과 식물성 식품을 적절히 분배해 먹고 간식의 종류를 선택할 때도 세심하게 고려해 봐야 한다. 한편 적절한 운동 계획과 무리한 생활의 최소화, 마음관리 등도 우리의 건강을 유지하는 데 중요한 열쇠가 됨을 명심하자.

따라서 튼튼한 건물이 하루아침에 이루어질 수 없는 것처럼 우리의 건강도 한 끼 식사로 좋아지리라고 생각하는 것은 잘못이다.

114

시금치를 많이 먹자

녹황색 채소에는 엽록소와 섬유소가 많고 카로틴이나 철분 등이 많아 혈액의 산성화를 막아 주고 항암 효과와 변비 예방 및 조혈에 도움이 되어 청소년들에게 좋은 식품이다.

시금치는 장점이 많은 채소이다. 시금치에는 비타민A와 비타민C, 칼슘, 요오드 및 철분이 많이 들어 있다. 철분이 100g 중 3.7mg이나 들어 있는데 이 양은 성인 남자 하루 필요량의 37%에 해당된다. 엽산도 풍부해서 철분과 같이 빈혈을 예방해 준다.

시금치에는 칼슘과 결합하여 결석을 형성하는 파이틴산이라고 하는 성분이 있어 서양에서는 시금치를 많이 먹지 않도록 권유하고 있으나, 서양에서는 생것으로 먹고 있기 때문에 과량 섭취가 문제될 수 있지만 우리는 삶아 먹기 때문에 삶을 때 이 수산이 제거되어 시금치에 의한 결석 형성 문제는 그다지 걱정하지 않아도 된다.

최근에는 시금치가 혈소판이 응집되어 혈전이 형성되는 것을 억제하는 기능도 보고되고 있어서 혈류에 유해한 고지방과 고산화지방 등의 섭취가 많은 현대에 시금치는 건강에 좋은 야채로 평가되고 있다.

싱싱한 시금치를 고를 때 유의할 점은 온실이나 화학비료로 속성 재배한 것보다는 미네랄 함량이 많은 노지에서 재배한 것을 고르는 것이 좋다.(103항 참고)

115
•

해조류를 많이 먹자

해조류는 성인들에게는 물론 청소년들에게도 매우 좋은 식품이다. 우리가 흔히 먹어 온 것으로는 김, 미역, 다시마, 우뭇가사리 등이 있다.

요즈음 해조류가 비만 방지용 식품 소재로 애용되고 있는데 해조류에는 무기물과 수용성 식이섬유 등이 듬뿍 들어 있어서 공부로 인한 스트레스 해소와 인스턴트 식품과 가공된 식품의 섭취로 체질이 산성화되기 쉬운 수험생들에게 피를 맑게 하고 체액을 알칼리성으로 유지해 주는 데 효과가 있다.

해조류 중에서도 다시마는 칼슘과 마그네슘, 칼륨 등 알칼리 생성 원소가 풍부하고 그 외에 비타민과 알긴산, 요오드 등을 많이 함유하고 있어서 불필요한 염분 배출에 도움을 준다.

과거 우리의 어머니들은 아이를 분만한 후 몸조리를 위해서 미역국을 많이 먹는 게 관습이었다. 이는 세계적으로 유별난 해산 후 몸조리 방법이다.

이런 풍습은 미역의 성분으로 보아 과학적으로 상당히 일리가 있다. 미역국을 많이 섭취하는 이런 뒷풀이는 산모의 인체 내에 생긴 쓸모없는 노폐물과 염분을 수분과 함께 배출시켜 부기를 내리게 하는 데 효과가 큰 것으로 해석되며, 산후 미역국은 우리 조상들이 자연물을 이용한 좋은 몸조리 방법이다.

해조류는 아직도 덜 오염된 바다에서 자란 자연성이 풍부한 건강식품이다.

백해무익한 담배

　담배는 식품이 아니지만 흡연은 건강과 영양소 이용 등에 심각한 영향을 주고 중독성이 있다. 흡연은 청소년기에 자칫 습관이 형성되기 쉬우므로 흡연의 해에 대해 언급하고자 한다.

　담배는 좋게 말해서 기호품이다. 담배는 술과 같이 습관성을 넘어 중독에 빠지기 쉽고 늘 불을 사용하므로 각종 화재의 원인이 되고 있다.

　흡연은 본인의 건강은 물론 간접 흡연으로 가족이나 주변 사람들의 건강마저 해하고, 몸에서 악취가 풍겨 주변 사람들에게 혐오감을 느끼게 하는 백해무익한 것이다.

　흡연을 하게 되면 담배의 여러 성분이 직접적으로 건강을 해치기도 하고, 비타민 결핍이 오기도 한다. 비타민 중에서 비타민C는 하루에 최저 50~60mg이 필요한데 담배 한 개비를 태우면 25mg이 낭비되어 하루에 담배 한 갑을 태우면 550~560mg 정도가 낭비되어 비타민C 결핍이 일어나기 쉽다.

　미국을 포함한 선진국에서는 흡연자가 줄고 있으나 에이즈 다음으로 무서운 사회문제로 대두되고 있다. 우리나라는 인구 중 75%가 흡연자이다. 이것은 한국인의 건강에 치명적이다.

　선진국에서는 모든 공공장소에서 흡연자를 죄인처럼 다루고 있으므로 국제화에 조화를 이루는 데도 니코틴 의존적인 사람은 흡연을 삼갈 필요성이 있다.

　현재 미국의 대부분의 대학에서는 모든 건물 내에서 신분의 고하를 막론하고 금연을 하게 되어 있다.

　그런데 한심한 것은 OECD를 가입하고서도 구태의연하게 정부가 백해무익한 담배를 팔고 있다는 사실이다. 참으로 국제적인 망신이 아닐 수 없다.

　필자는 흡연자는 의료보험 혜택에서 제외되어야 한다고 말하고 싶다. 왜냐하면 흡연은 자신은 물론 타인에게도 해를 주는 살인 행위나 마찬가지이기 때문이다.(94항 참고)

학생 때는 공부에 최선을 다해야

학창시절엔 공부를 최상의 목표로 생각하는 학생만큼 의젓하고 행복하게 보이는 게 없다.

목표를 세워 공부하니 성적이 오르고, 잡된 짓을 덜하게 되고, 돈의 낭비가 적고, 주위 사람들로부터 칭찬을 들을 수 있으니 신나는 생활이 아니겠는가. 이런 생활이 계속되면 자연히 대학이나 직업에 대한 선택의 폭이 넓어져 인생에서 승자가 된다.

공부는 건실한 희망을 현실화하는 방법이다. 건실한 희망이 있는 곳엔 반드시 영광이 온다.

목표와 희망이 있는 학생은 훌륭한 사람이 될 수 있고 반드시 발전하게 된다. 공부는 내일에의 희망을 유지하는 인(因)이다. 생산적으로 사고하고 그 결과를 현실로 경험하는 것이야말로 최고의 행복이 아닐 수 없다.

돈은 벌려고 하면 멀리 달아나지만 자기가 하고 있는 일에 심취하고 건실한 희망을 달성하면 저절로 들어온다. 고도의 기능사회에서는 더욱 그렇다.

사람은 시간과 에너지의 제약을 넘을 수는 없다. 그래서 한 우물을 파는 노력이 필요하다. 공부에 전념하지 않는 학생은 공부에 전념하는 학생보다 시간과 돈에 늘 부족함을 느끼게 된다.

공부는 장거리 경주와 같으므로 꾸준히 해야 한다. 또한 수업시간의 부지런한 필기는 정확한 표현과 새로운 아이디어를 창출해 내는 바탕이 된다. 그러므로 작은 것이든 큰 것이든 기록하는 습관을 들이는 것이 좋다.

118

지방을 무조건 피하는 것은 잘못

지방은 과거에 칼로리 부족 시대에 중요한 에너지원으로서 가치가 컸으나 포식과 선택적 식생활을 하는 오늘날에는 천덕꾸러기로 취급되고 있다. 그러나 지방은 음식의 고온 조리와 맛, 향기를 내는 데 없어서는 안 되는 성분이다. 또 인간이 기근을 이기는 데 에너지 밀도가 높은 지방은 매우 유용한 저장 성분이다.

모든 생물체는 먹을 것을 섭취하지 못할 때를 대비해 어느 정도 양분을 축적해 둔다. 이것은 자연스런 자기 보존적 본능이다. 재미있는 것은 에너지 저장 형태가 동물과 식물에 큰 차이가 있다는 것이다. 움직이지 않는 식물은 무겁고 부피가 비교적 큰 탄수화물로 저장하는 반면 활동이 많은 동물은 가볍고 에너지 밀도가 큰 지방 형태로 저장함으로써 활동에 덜 거추장스럽게 되어 있다. 그러나 여기에도 예외가 있다. 동물이라도 굴에는 지방이 아니고 탄수화물의 일종인 글리코겐이 들어 있다.

더욱이 지방은 탄수화물보다 에너지 밀도가 높아 기아 때 에너지 공급에 효율적이며, 대사 수분 공급량도 탄수화물이나 단백질보다 많아 체내 수분 요구성을 해소하는 데 효과적이다. 이런 지방의 효과는 사

막의 운반 수단으로 유용한 낙타의 육봉이 물이나 탄수화물이 아닌 고에너지와 다량의 물을 생산하는 지방으로 되어 있는 것도 물이 없는 사막에서 장시간 적응이 가능함을 반영하는 것이다.

원시인들에게는 먹거리가 부족한 긴 겨울 동안 기아 상태를 넘기는 데 체내에 저장된 지방이 크게 도움이 되었다. 이러한 대사 경로가 지금도 유지되어 우리 몸에서는 남아도는 에너지가 쉽게 지방으로 축적되어 과체중이 되기 쉽다.

119
·

소시지는 물에 끓인 후 먹는 게 좋아

소시지는 돼지고기의 잡다한 고기로 만든 가공식품이다.

청소년들은 도시락 반찬이나 간식으로 소시지를 먹는 경우가 많은데, 이 소시지는 실온에서 굳지 않는 기름이 많이 든 돼지고기로 만들기 때문에 가열하지 않고도 먹을 수 있어서 편리하다. 반면 발색제와 인산염, 보존료 등 건강에 나쁜 영향을 줄 수 있는 여러 가지 첨가물이 들어 있다.

이들 중에서 합성보존료로는 솔빈산이 첨가되는데, 이 물질은 물에 삶으면 절반 이상은 제거되는 성질이 있다. 또 표백제로 쓰인 과산화수소(H_2O_2) 역시 열에 의해 제거된다. 뿐만 아니라 통조림이나 소시지처럼 공기가 없는(혐기적 조건) 조건에서 발생될 수 있는 보트리닌(맹독소)도 가열에 의해 쉽게 파괴되기 때문에 소시지는 먹기 전에 끓인 후 먹는 것이 위생적으로 안전하게 먹는 방법이다.

120

소금 섭취는 얼만큼이 좋은가

소금은 우리 식생활에서 음식의 간을 맞추고 젓갈이나 김치류의 저장에나 비린내 또는 쓴맛을 없애는 데 없어서는 안되는 조미료이면서 무독성 보존료로 우리 인체 내에 꼭 필요한 자연물이다.

체중 60kg인 성인의 신체에는 혈액이 약 6ℓ인데 그 속에 10g의 나트륨(25g의 소금에 해당)이 들어 있다. 이 소금은 하루에 약 3g 정도가 물과 함께 배설되는데 소금의 섭취가 많으면 많이 배설되고 적으면 적게 배설돼 체내의 이온 균형을 유지해 준다.

인간은 대개 하루에 3g 정도의 소금을 섭취하면 되는데 우리 식생활에서는 20g이 넘을 정도다.

소금의 과량 섭취는 우선 갈증으로 물을 많이 마시게 됨으로써 혈액이 묽어져 힘이 빠지고 뇌의 활동을 떨어뜨린다. 또 고혈압과 신장병 유발 등 건강에 악영향을 미칠 수도 있다.

그런데 운동이나 노동으로 근육활동을 하여 땀을 많이 흘릴 경우에는 오히려 소금을 의식적으로 좀더 섭취해야 한다. 그래서 해군 함정의 통로에는 으레 소금병이 비치되어 있는데, 이것은 뜨거운 갑판 작업으로 인해 수병들이 땀으로 염분이 과량 배출될 경우에 발생할지도 모르는 일사병을 예방하기 위한 것이다.

따라서 소금은 가급적이면 적게(하루에 10g 이하) 먹는 것이 좋지만 사람마다 각자 활동 정도가 다르므로 일률적으로 얼마가 적량이라고 말하기는 어렵다. 그러므로 육체노동을 하는 사람과 칼륨(K)이 많이 든 채소를 싱겁게 많이 먹는 사람은 소금 섭취를 의식적으로라도 많이 해야 할 필요가 있다. 즉 칼륨이 많이 든 감자를 먹을 때 소금이나 김치를 곁들이는 것이 좋은 예이다. (196항 참고)

121
•

뇌세포를 활성화시키는 DHA

현대인들은 뇌기능의 활성화에 관심이 많다. 학생들은 어떻게 하면 수학능력을 향상시킬 수 있을까 고민하고 성인들은 노인성 치매 예방에 도움이 되는 물질은 없을까 고민한다.

이러한 필요성에 따라 등장한 성분이 바로 DHA(docosahexenoic acid)라는 것이다. DHA는 불포화지방산의 일종으로 혈전 형성 예방에 유효하고 뇌 영양제로, 또 노인성 치매 예방 성분으로 많이 발표되었다.

그러나 이러한 효능을 너무 과신하는 것은 현명하지 못하다. 왜냐하면 DHA는 고도의 불포화탄화수소로 상업적인 제품을 지나치게 섭취하는 경우 부작용이 생길 수 있기 때문이다.

DHA가 많이 들어 있는 식품으로는 정어리나 참치, 꽁치, 고등어 등 등푸른 생선을 들 수 있다. 그러나 DHA가 많이 들어 있어도 조리 과정에서 손실되기 쉬워 졸임이나 찌개를 하면 다량 손실되고 튀김 중에도 역시 손실이 따른다. 따라서 DHA가 많이 들어 있는 생선은 가능하면 회로 먹는 것이 효과적이고, 조리를 할 경우엔 장시간 조리보다 단시간 조리가 유리하다. 그리고 조리 중 DHA를 보호하는 방법으로는 생강을 적당히 넣으면 생강 성분에 들어 있는 항산화 성분(진제론)에 의해 DHA의 산화가 억제되어 손실을 막을 수 있다. DHA는 정제된 상품보다는 DHA가 많이 든 식품을 섭취하는 것이 여러 모로 좋다.

122
•

고혈압 환자에게 좋은 감자와 고구마

　감자와 고구마는 분류학적으로 사촌간이다. 이것들은 원래 외래 식품이지만 우리 식품으로 뿌리를 내린 지 오래다.

　감자와 고구마는 작물 중에서 단위 면적당 수확량이 많은 작물이라서 식량 생산 효율이 높은 작물이고, 미래에 석유가 고갈되면 감자나 고구마로부터 알코올을 생산해서 휘발유의 부족을 메꾸어 줄 잠재력 있는 에너지원이다. 고구마는 생식으로도 가능할 뿐 아니라 적당히 가열하면 맛있는 식사나 간식용으로 충분하다.

　더욱이 성분으로 보면 탄수화물이 주가 되지만 지방의 함량이 낮으면서 고섬유 식품인데다 비타민C와 비타민A는 물론 미네랄이 풍부하여 건강을 위한 디저트용으로도 적당하다. 그리고 재배나  저장 중 농약의 사용이 거의 없어 자연 건강식품으로서 품질이 높다고 할 수 있다.

　따라서 감자와 고구마는 산성체질 방지와 고칼로리 섭취 예방 및 변비 예방에 좋은 식품이다. 또 이들은 칼륨(K)이 많아 혈중의 염분 제거에도 효과가 있어서 고혈압 환자에게 좋다. (183항 참고)

식초는 식중독 예방에 첨병

식초는 식초산이 7% 이상 들어 있는 용액을 말하는데 합성식초와 양조식초가 있다.

식용으로는 식품위생법에 양조식초만 쓰기로 규정되어 있다. 식초는 신맛이 나지만 인체 내에서는 알칼리 생성물질이며 섭취되어 에너지를 내므로 피로회복에 도움이 되는 유기산이다.

일설에 체조 선수나 서커스 단원들이 허리뼈를 유연하게 하기 위해서 식초를 많이 먹었다는 것은 과학적으로 설명이 불가능한 이야기이다.

음식에서 식초를 비롯한 구연산, 젖산 등은 뼈 성분을 녹여 무르게는 하지만 사람이 먹은 식초가 살 속에 있는 뼈를 무르게 한다는 것은 이치에 맞지 않는다.

식초산은 각종 절임식품 마요네즈, 김치, 냉면 국물 등에 들어 있는데, 이는 살균력이 좋아 식중독 예방에 유용하다. 그래서 식초는 조리나 식사 때 잘 활용하면 음식에 청량감을 주고 저장성을 향상시키고 위생적 안전도를 높이는 데 유용한 소재이다.

집을 떠나 야외에서 자연수를 마실 때 위생적으로 의심이 갈 경우 물에 식초를 몇 방울 넣어 약 10여분 정도 두었다가 마시면 맛은 좀 뭣하지만 세균성 식중독을 예방할 수 있다.

124
•

바람직한 식생활 패턴

식생활 패턴은 경제수준과 사회활동, 연령, 종교, 기후, 풍습 등에 따라서 다양하게 나타난다. 요즈음 우리 청소년들이 즐기는 식사 패턴은 옛날과는 상이하게 나타나고 있다.

예컨대 밥 대신 빵으로, 떡 대신 케잌으로, 국수 대신 라면으로, 찐빵 대신 구운 빵으로, 군고구마나 찐감자 대신 튀긴 고구마나 감자를, 불고기 대신 소시지나 햄·베이컨으로, 가내식에서 외식으로, 된장·간장·고추장 대신 마요네즈나 버터로, 과일은 통조림이나 주스로 식생활 패턴이 달라졌다.

이러한 식생활 패턴의 변화에서 중요한 성분적 변화는 저지방에서 고지방으로, 불포화지방산에서 포화지방산으로, 저인산식에서 고인산식으로, 고섬유식에서 저섬유식으로, 조리 방식에서는 물조리에서 유탕 조리로, 저온에서 고온 조리로, 단기 보존성에서 장기 보존성 등으로 변모되었다.

이런 변화는 고지방, 저섬유, 고단백, 고온 조리식품, 각종 보존료, 고인산 식품으로 특징짓는 식생활로 이는 곧 서구식 식생활과 비슷하다.

이러한 식생활은 체구가 커지고 장수할 수는 있으나 체력이 약하고 성인병으로 유병장수라는 바람직하지 못한 결과를 낳게 한다.

또 식생활의 서구화로 비전염성 질병인 비만을 포함하는 질병이 증가하고 있어 사회문제가 되고 있다. 즉 많이 먹고 바르지 못한 식생활을 하고 있어 식량은 낭비되고 개인은 사회활동을 못하고, 따라서 가정과 사회에 짐이 되는 문제와 아울러 국가 재정에 크나큰 마이너스 요인으로 작용하게 된다. 그러므로 우리는 하루 속히 나름대로의 바람직한 식생활 패턴을 가지는 것이 중요하다.

간단히 말하면 옛날과 지금의 중간 정도의 식생활 패턴, 즉 쌀밥에 된장, 두부, 고추장, 김치 및 과채류 몇 가지와 여기에 약간의 육류나 생선 그리고 해산물 몇 가지로 구성된 균형잡힌 식생활을 하면 된다.

125

1970년대 이전 조상들은 못 먹어 오래 못 살아

우리 조상들은 한반도라는 기후 특징에 적응하는 식생활을 해왔다. 즉 자연순응적이고 신토불이적 식생활을 해 온 것이다.

논밭에서 난 곡식과 감자류, 채소에다 산에서 난 산채류, 버섯, 강이나 하천의 민물고기, 바다에서 잡은 어패류를 먹음으로써 필요한 영양소를 섭취해 왔다.

이러한 식생활은 과거 저지방, 고섬유, 저인산, 무보존료, 물조리로 적당량의 단백질 섭취와 균형잡힌 식사 패턴이었으며, 자연성이 크게 손상되지 않는 것이었다. 그런데 당시의 문제는 식량이 절대적으로 부족하고 저장·운송 시설이 빈약하여 늘 영양실조에 걸려 있어 체력이 약해짐으로써 질병, 특히 전염성 질병으로 인해 수명을 다하지 못하고 죽은 경우가 많았다.

물론 당시 우리 선조들이 양질의 의료서비스를 받을 수 없었던 것도 문제지만 못 먹어서 건강이 나빠지는 경우가 더 많았다.

당시엔 활동에 필요한 칼로리나 세포 구성과 각종 질병을 막아 주는 항체 구성에 필요한 단백질, 그리고 뼈를 구성하는 칼슘 등이 부족된 시대였다. 그래서 몸의 항체 약화로 인해 비롯되는 감염성 질병에 의해 조기 사망하는 경우가 많았다. 그 결과 당시는 평균 수명이 50세를 넘지 못했다.

그때에는 부모님이 자녀의 결혼식에 참석하는 경우가 드물 정도였다. 그러나 요즈음은 증손 결혼식에 참석하여 4대가 결혼식장에 참석하는 경우도 더러 볼 수 있다. 그래서 50여 년 사이에 평균 수명이 크게 신장된 것을 보면 참으로 격세지감을 느끼게 한다. 당시에는 예순 살이 넘으면 별일이 없는 한 환갑 잔치를 했는데 당시로서는 그럴 만도 하다.

126
•

성인병을 예방하자

당뇨병이나 동맥경화, 뇌졸중, 고혈압, 비만 등을 일컬어 성인병이라 하는데, 이러한 병은 잘못된 식생활에 의해 유발되는 경우가 많다. 요즈음은 많이 먹으면서 활동은 많이 하지 않아 청소년들이 성인병을 앞당겨 앓고 있어 가정과 사회문제로 떠오르고 있다.

성인병은 효험 있는 약이 별로 없고 잘 낫지도 않는다. 그러므로 개인의 무병장수와 생산적 삶을 위해서 가정과 사회는 청소년 시절에 성인병에 걸리지 않도록 예방에 힘써야 한다. 그리고 성인이 되었을 때도 성인병에 걸리지 않도록 예방을 위한 올바른 교육과 실천의 기회를 가지게 하는 것이 중요하다.

청소년은 가정과 사회를 이끌어 갈 우리의 미래이기 때문에 청소년들이 건강하게 성장하도록 하는 것이 가정적·사회적으로 큰 의미가 있다.

127
·

인간의 공통적인 소망

모든 사람의 공통된 소망은 무병장수하면서 생산적인 활동으로 문화 창달에 기여하는 삶을 사는 것이다. 그러나 이러한 소망은 건강한 사람만의 몫이다. 건강은 삶에서 희망을 가지게 하고 사회 발전에 기여할 수 있으나, 건강하지 못하면 희망은 커녕 사회에 짐만 될 뿐이다. 그러므로 건강한 삶을 위해서는 건강을 해치는 요인이 무엇인가를 알아 이들 유해 요인을 최소화하고 예방하는 것이 필요하다.

건강은 꾸준한 건강의 인(因)을 심는 경우에만 유지될 수 있다. 올바르지 못한 식생활과 흡연, 과음, 스트레스, 사회적 불안감, 마음을 다스리지 못함 등은 건강을 해치는 큰 요인들이다.

128
·

잘못 조리한 음식은 영양소 손실 커

불은 인간의 식생활에 많은 영향을 주었다. 우선 적당히 조리한 음식은 생식보다 부드럽고 맛도 있고, 부피를 줄여 주고, 영양소의 소화 흡수를 좋게 한다. 더욱이 중요한 것은 각종 세균성 식중독균이 살균되어 식품의 안전도를 높이고,

각종 기생충을 살균하는 효과와 부패균을 사멸시켜 저장성을 높이는 등 여러 가지 플러스 효과를 볼 수 있다. 그러나 잘못된 가열 조리는 영양소의 손실을 초래하고 높은 온도에서 장시간 조리하면 음식에 유해물질이 생길 수도 있다. 이러한 것들은 가급적이면 저온에서 단시간 조리하는 것이 좋다.

따라서 식품의 영양적인 질은 조리 전의 수준도 중요하지만 조리가 끝나고 먹기 직전의 수준이 더욱 의미가 있다. 아무리 영양소가 풍부해도 조리 방법과 조건이 적절하지 않으면 영양적인 질이 떨어지고 독이 생길 수 있다. 따라서 적당한 온도와 적당한 시간대에서 조리해야 한다.

129
•

토양 오염의 심각성

   모든 산업활동의 결과는 주산물 외에 부산물이 발생되게 마련이다. 이 부산물들은 대부분이 유독성 물질이어서 폐기되는 경우 환경을 오염시킬 수 있다.

   과거에 산업의 주된 목적은 주생산물의 수율을 향상시키는 것이었다. 따라서 부산물의 폐기에 따른 환경오염으로 성과에 대한 반감 효과에 대해서는 따지는 사람이 별로 없었다. 그래서 과거에는 GNP(국민총생산량)를 계산할 때 환경오염에 따른 정화 비용을 고려한 그린 GNP를 생각하지 않는 게 통례였다. 얼마 전까지만 해도 환경 영향평가는 고려하지 않고 오직 생산성 향상이나 수출 총액에만 중점을 두었기 때문에 그의 수지(收支)를 상쇄할 정도로 환경을 오염시킨 경우가 많았다.

   그 결과 자연이 환경을 함부로 오염시킨 인간에게 벌(罰)을 주는 것이 아닌가 할 정도로 요즈음 여기저기서 국민을 괴롭히는 환경호르몬, 농약, 중금속, 유기용제 등 환경오염 후유증이 나타나고 있다. 이에 비해 우리에게 가장 기본적인 먹거리를 공급해 주는 농업은 자연에 무한히 존재하는 물과 인간에게 쓸모없는 탄산가스를 주원료로 하고 있으며, 자원이 고갈될 염려가 없는 지속 가능한 환경친화형 산업이라 할 수 있다.

   또 농업은 현대생활에서 폭발적으로 배출량이 증가되어 환경을 오염과 지구 온난화를 일으키는 막대한 양의 탄산가스를 제거해 주는 대자연의 환경정화 작용을 하는 등 일거다득(一擧多

(得)의 산업이다. 농업이 발달된 땅에서는 인류가 오랜 삶을 지속할 수 있으나 지금과 같이 공업이 발달된 땅에서는 인류의 미래를 보장받을 수 없는 환경이 되고 말 것이다. 그렇다고 공업의 필요성을 무시하는 것은 아니다.

따라서 굴뚝 있는 공업 발전으로 인해 이 굴뚝 없는 농업이 위축된다면 자연은 균형을 잃어 결국에는 인간과 태양의 고리를 절단하는 결과를 초래하여 인류사의 두툼한 역사의 지속이 불가능하게 될 것이다. 그러므로 우리가 농토를 오염되지 않게 잘 활용하고 유지해야만 농토도 우리에게 영원히 결실을 제공할 뿐 아니라 자손대대를 지켜 줄 것이다.

130

먹어도 살찌지 않는 이유

우리 주변을 보면 비교적 많이 먹는데도 살이 찌지 않는 사람이 있다. 너무 살집이 없어 체중을 좀 늘려 보려 하지만 늘지 않는 사람은 유전적인 소양이 크다.

최근 발표에 의하면, 많이 먹는데도 체중이 늘지 않는 사람은 남아도는 에너지가 열로 발산되기 때문이라고 한다. 살이 잘 쪄 체중이 쉽게 느는 사람은 남아도는 에너지가 지방으로 전환되는 쪽으로 대사가 쉽게 진행되는 데 반해, 살이 찌지 않는 체질은 에너지를 열로 전환하는 특수 단백질이 많기 때문이다. 에너지를 열로 전환시키는 단백질의 함량은 유전적 특징이므로 많이 먹어도 체중이 쉽게 늘어나지 않는다.

이처럼 체중이 늘어나지 않는 체질인 사람은 평소에 다른 사람이 접촉했을 때 체감온도가 높게 느껴지고, 쉽게 살이 찌는 사람은 상대적으로 체감온도가 낮은 것이 특징이다.

고단백 무콜레스테롤 식품인 대두를 많이 먹자

대두(메주콩)에는 단백질과 지질이 다량 들어 있어서 밭의 쇠고기 또는 미니 달걀이라고 말할 정도로 동물성 식품 못지 않게 영양 가치가 있다. 여기엔 양질의 단백질이 약 40%로 고단백 식품이며 지질이 약 20%로 고지방이지만 불포화지방산이 많아 양질의 지방을 다량 함유하고 있으며, 기타 섬유소가 많아 고단백 무콜레스테롤 식품이다. 그리고 지금까지 알려진 기능성 물질이 다양하게 함유되어 있다.

예를 들면, 인슐린 분비를 촉진하는 트립신인히비터(trypsin inhibitor), 사포닌, 중금속을 해독해 주는 피트산(phytic acid), 장내에 유용한 젖산균의 생육을 촉진하는 올리고당, 유방암과 골다공증, 폐암을 예방하는 이소프라본류(isoflavon), 콜레스테롤을 제거하고 뇌의 기능과 혈관 기능을 도와주는 레시틴(lecithin), 혈관의 신축성을 돕고 비타민F의 기능이 있는 불포화지방산 등 생리 활성물질이 들어 있어서 지구상의 어떤 식품보다 영양 가치와 기능성이 우수한 건강식품이다.

대두는 두부, 콩나물, 된장, 간장, 청국장, 두유, 각종 죽류 및 떡 등으로 소비되고 있고, 최근에는 콜레스테롤이 들어 있지 않은 대두요구르트나 대두아이스크림, 대두치즈 등도 개발 중에 있다.

대두는 이렇듯 영양적 가치가 크고 생리적 활성기능이 우수한 물질이 많이 들어 있을 뿐만 아니라, 식품 소재로서도 기능성이 다양해서 앞으로 우리의 만년 식품으로서 가치가 충분하다.

132
·

고혈압의 원인과 예방

혈압의 정상적인 유지는 건강의 기본이다. 혈압은 혈액이 혈관 속에서 나타내는 압력으로 정상 혈압치는 100~130이다. 이보다 높아지면 고혈압 상태로 뇌졸중이나 당뇨병 등 건강에 악영향을 미친다.

그럼 혈압을 높게 하는 원인은 무엇일까?

우선 흡연과 비만, 음주, 운동부족, 고염분 섭취, 고콜레스테롤 섭취, 고지방 섭취, 스트레스 등을 들 수 있다.

고혈압 예방 식품으로는 우유, 달걀, 두부, 어육류, 가자미, 넙치, 메밀, 미역, 김, 표고버섯, 귤, 마늘, 감자, 양파 등을 들 수 있는데, 이들을 골고루 지속적으로 먹는 것이 좋다. 또 칼륨 함량이 높은 과일이나 채소도 적당히 먹으면 효과가 있다.

고혈압의 예방은 식생활과 적당한 운동을 병행할 때 상승 효과를 볼 수 있다.

건강을 위한 운동은 무슨 운동이든지 무리하지 말고 약간 숨이 찰 정도로 하루에 30~60분 정도, 일주일에 5~6일 정도 하는 것이 적당하다. 운동은 속보나 조깅, 에어로빅, 수영과 같이 전신지구력을 요하는 운동을 주로 하면서 중량 운동인 웨이트

트레이닝도 곁들이면 효과적이다. 몸에 특별한 이상이 없고 건강한 경우에는 테니스나 축구, 배구, 농구 등 자기가 평소에 좋아하는 운동을 하는 것도 좋다. 적당한 운동은 심폐기능이 좋아지고 혈관의 신축성이 좋아져 고혈압 예방에 좋은 운동요법이다.

여하튼 고혈압을 포함한 질병의 예방과 치료에는 올바른 식생활과 적당한 운동이 최선이다.

133
•

현실적으로 참고할 만한 몰몬교의 식사 패턴

지구상에는 수많은 종교가 있고 종교마다 신도들이 지켜야 할 식생활 지침이 있다. 그런데 이들 지침 가운데 식생활의 서구화로부터 일어나는 문제를 해결하는 데 도움이 될 만한 지침이 있다면 몰몬교의 식사 지침을 들 수 있다. 몰몬교의 식사 지침을 소개하면 다음과 같다.

①곡물은 생명의 주식으로 중요시한다. ②야채나 과일은 무엇이든 얻을 수 있다면 골고루 먹는다. ③고기는 적게 먹는다. ④약초는 채소나 과일을 보충하는 뜻에서 무방하다. ⑤술이나 담배, 뜨거운 차는 금한다.

이러한 식사 지침은 몰몬교도의 건강에 좋은 결과로 나타나며, 특히 몰몬교도들의 발암률을 줄이는 데 기여하고 있다. 그 이유는 담배를 피우지 않으니 폐암 발생률이 적고, 술을 마시지 않으니 알코올 중독자가 없어 건실하게 생활하는 사람이 많고, 곡물을 원상태로 먹고 야채와 과일을 많이 먹음으로써 비타민E와 비타민B$_1$, 셀레늄 등 섬유소가 풍부하며, 항암 효과가 큰 베타카로틴을 풍부하게 섭취하여 각종 성인병과 암 중에서 가장 치료가 어려운 폐암 예방에 실효를 거두고 있다. 육류보다 곡류를 비정백 상태로 먹고 있어 식량 절약적인 식생활이라고도 평가할 수 있다.

그리고 몰몬교 신자들은 흉년에 대비해서 1~2년간 먹을 것을 반드시 비축하는데 이때는 가공하지 않은 곡물을 저장한다. 이것은 흉년이나 예기치 않은 식량 부족을 대비하기 위함이다.

실제로 몰몬교도는 일반 미국인보다 식원병 발병률이나 일반 질병률이 낮다고 한다. 예를 들면, 여성의 식도암은 90%나 적으며, 당뇨병이나 신장병, 방광염 등 비뇨기 질환은 50% 정도 낮으며, 암 발생률도 남자가 35%, 여자가 28%로 낮다. 또 심장병도 50%나 낮고 그 외에 폐암, 유방암, 자궁암, 대장암, 방광암, 구강암, 인후암 등도 많이 낮은 편이다.

미국 상원 영양문제위원회에서는 몰몬교의 식사 지침을 '이런 식사 패턴은 건강의 불확실성 시대에 보기 드문 진실의 섬이다' 라고 표현했다.

134

장이 건강해야 컨디션과 영양 상태가 좋아져

장내에는 이로운 균과 해로운 균이 많이 살고 있다. 그러므로 건강 유지를 위해서 해로운 균은 감소시키고 이로운 균을 증가시키는 식생활을 하는 것이 바람직하다. 건강 상태가 좋을 때는 유익한 균이 살고 있으나 설사나 식중독, 장염, 항생제 복용, 기타 장내 세균 생육에 불리한 식사는 유익한 세균의 수를 줄어들게 한다.

장내에 유익한 균은 장을 건강하게 유지하여 부패균에 의한 이상 발효를 억제하고 유독가스가 발생되지 않게 한다. 이들 유용한 장내 균은 비타민B_1을 비롯하여 B복합체 비타민 및 비타민 K도 합성하여 비타민 공급체의 기능을 한다. 또한 약간의 단백질 공급체가 되기도 한다.

최근 젖산균이 함유된 다양한 젖산균 발효 음료가 대중화되어 있지만, 앞으로는 장내 세균 증식에 도움이 되는 특수 성분(올리고당 등)을 식사나 건강 보조식품을 통해서 장내에 유용균 유지에 유리한 조건을 만들어 주는 식생활이 제시될 것 같다.

뇌기능 활성에 관련 있는 성분

뇌를 구성하는 주성분인 단백질은 아미노산으로 구성되어 있는데, 단백질을 구성하는 아미노산은 약 20여 종류가 있다. 이 뇌를 구성하는 아미노산 중에서 뇌 조직에 가장 많이 들어 있는 아미노산은 글루타믹산(glutamic acid)이다. 따라서 글루타믹산은 뇌의 발달과 기능에 중요하다고 할 수 있다.

이와 같은 사실을 중시해서 1940년대에 독일에서는 글루타믹산(GA)이 뇌기능 촉진 및 뇌질병 치료에 쓰인 적도 있었다.

뇌 중의 글루타믹산은 식품으로부터 공급되는 수도 있고 뇌에서 생합성되기도 한다. 이 과정에서 비타민B_1과 B_6, B_{12}가 반드시 필요하다. 그래서 식생활에서 이들 비타민B군이 결핍되면 글루타믹산은 두뇌의 작용에 쓰이지 못하고 체내의 영양소로만 쓰여 뇌기능이 저하되기 쉽다.

글루타믹산은 화학조미료의 주성분으로 최근에는 건강에 해를 끼치는 것으로 주장되고 있으나 독일에서는 오래 전부터 머리를 좋게 하는 의약품으로 팔린 적도 있다. 글루타믹산 섭취에 대한 유·무해 논쟁은 과잉 섭취 때만 문제가 되고 소량을 섭취했을 때는 식생활을 만족스럽게 한다.

철분 부족에 유의하자

음식이 두뇌의 작용과 행동양식에 미치는 영향에 대한 연구는 아직 미진한 상태이지만 영양소 중에는 뇌기능과 상당한 관련이 있는 것이 보고되었다. 그 대표적인 영양소가 철분이다. 철분이 부족하면 기억력이 감퇴되고 인지 능력이 약화된다.

철분은 건강과 두뇌 활성에 매우 중요한 미네랄이다. 철분은 피 중에서 산소를 운반하고 영양을 운반하는 헤모글로빈의 핵심 성분이다. 만약 철분이 부족되면 헤모글로빈의 생성이 제한되어 뇌에 보낼 산소와 영양소의 공급량이 줄어들고 뇌기능이 떨어지며 심하면 빈혈이 생긴다.

철분 부족의 원인은 일반적으로 철분 흡수가 적은 경우와 철분 흡수를 방해하는 물질(탄닌, 피틴산)의 섭취, 철분의 지나친 배출(여성 생리) 등에 의해서이다.

따라서 철분의 결핍을 막기 위해서는 일상 식사에서 꾸준히 철분을 섭취하려는 노력이 필요하다.

철분이 많이 들어 있는 식품으로는 간이나 동물의 피, 난황 등이 있고 식물성 식품으로는 코코아, 상추, 시금치 등이다. 동시에 철분이 부족된 식사나 철분 보충약제를 복용할 때는 반드시 철분의 흡수를 방해하는 커피는 먹지 않는 게 좋다.

인간은 얼마까지 살 수 있을까

　인간의 시작과 끝은 탄생과 죽음이다. 즉 사람은 누구나 태어나서 죽는다는 사실이다.

　오늘날 과학이 아무리 발달되었다 해도 인간의 소망인 죽음을 막을 수는 없으며 단지 노력 여하에 따라 수명이 짧을 수 있고 연장될 수 있을 뿐이다.

　현재 100세를 넘게 사는 경우는 그리 흔치 않다. 그래서 불로장생은 인간의 꿈일는지 모른다.

　인간의 한계 수명은 학자에 따라 다르게 주장하는데, 110~120세(미국 고령문제연구소 소장 버틀러), 150세(소련 장수학자 보코모레스), 100~125세(프랑스 르프랑 박사) 등 다소 차이가 있다.

　일반적으로 동물의 수명은 그 동물이 완전히 성숙하는 데 걸리는 기간의 약 5배를 살 수 있다고 한다.

　이에 근거해 볼 때 인간의 성장기 연령을 25세로 보기 때문에 성장기의 5배인 125세까지는 살 수 있다고 보는 게 노화·장수 학자들의 견해이다.

138

인간이 타고난 수명을 다 살지 못하는 이유

왜 100세 이상 사는 사람이 드물까? 예측되는 수명을 다 누리지 못하는 것은 인간의 기본 단위인 세포가 노화되기 때문으로 보고 있다.

세포의 노화(老化) 원인은 주로 각종 프리레디칼에 의한 손상(free radical damage)이 제일 크다고 한다.

이 유리기의 특성은 반응성이 매우 강하다는 점이다. 그래서 어떤 원인에 의해서 생성된 프리레디칼은 세포 내에서 각종 대사에 관계하는 단백질과 효소, 지질 등에 결합하여 세포의 기능을 약화시킨다.

이 프리레디칼에 의한 세포의 손상이 일어나면 여러 가지 증세가 나타난다. 즉 머리가 희어지거나 피부에 탄력이 없어지고, 백내장, 심장질환, 암 발생, 뇌세포 손상에 의한 치매(알츠하이머)를 포함해 각종 질병을 유발한다.

따라서 프리레디칼에 의한 세포의 노화를 방지하기 위해서는 노화의 원인인 유리기의 생성을 억제하든가 생성된 유리기를 제거하는 것이 중요하다.

유리기의 생성 원인은 과식과 흡연, 호흡시에 생성되는 활성 산소, 과부하 운동, 스트레스 등이다. 그러므로 이러한 원인을 최소화하는 것도 중요하지만 동시에 일단 생성된 유리기를 제거해 주는 물질을 식생활을 통해서 충분히

섭취하는 것이다.

생체에서 유리기를 제거해 주는 것으로는 항산화 효능이 있는
화합물들인데, 이런 기능이 있는 것들로는 비타민C와 비타민D,
비타민E, 베타카로틴(β-carotene)이 있고 세레늄(Se)과 게르마
늄(Ge) 같은 금속도 생체 산화를 억제하는 기능이 있다. 이들
항산화제들은 세포 내에서 생성된 유해한 유리기와 결합해서 유
리기가 세포 내의 중요 기능물질에 대한 공격을 억제해 준다.
(151항 참고)

139

전주 비빔밥의 특징

전주 비빔밥의 유래는 아직 불명확하나 여러 가지 의미를 생
각해 볼 수 있다. 이 비빔밥은 밥과 반찬이 골고루 섞여 있어서
어디서나 담아서 한 끼 식사로 편리하고, 여러 식품을 모둠했기
때문에 생기는 조화미가 있고, 영양적으로도 아주 균형이 잡힌
건강식품이라 할 수 있다.

이 비빔밥은 긴 세월을 거치면서 창출된 식품으로 보이며 단
순한 영양소의 집합체가 아니라 청(동), 백(서), 적(남), 흑(북), 황
(중심=달걀)의 음양오행의 진리가 배어 있는 음식이기도 하다.

이러한 비빔밥으로는 전주 비빔밥 외에 북한의 평양 비빔밥이
있다. 전주 비빔밥은 북한에서도 평양 비빔밥과 함께 정규 요리
사 교과목에서 중요하게 다루어지고 있다고 한다.

전주 비빔밥과 평양 비빔밥은 지금은 내용물 구성이 다소 변
했지만 원래 그 구성 식품의 종류에 다소 차이가 있다. 평양 비
빔밥은 밥에 쇠고기와 숙주나물, 고사리, 미나리, 도라지, 버섯,
빨간무, 김, 달걀 등이 들어가나 전주 비빔밥에는 쇠고기와 미나

리, 빨간 무가 들어가지 않는 대신 콩나물이 들어가는데, 이렇게 해도 영양적으로는 큰 차이가 없다. 왜냐하면 콩나물에는 쇠고기에 많은 단백질과 미나리에 많은 비타민C와 섬유소가 많이 들어 있기 때문에 콩나물로 대치하는 것도 무리가 되지 않는다.

한편 전주 콩나물은 풍토병 예방에 필요한 음식으로 전해지고 있는데 그 풍토병의 종류와 왜 그런 효과가 있는지에 대한 과학적인 근거는 아직 밝혀지지 않고 있다. 아마도 영양결핍에서 오는 갖가지 질병이 단백질을 비롯한 비타민C가 충분한 콩나물 섭취로 치료되는 것이 아닌가 한다.

결론적으로 전주 비빔밥은 영양학자들이 권장하는 균형을 이룬 식사로 현대인의 건강지향적인 식사로 적격이다.

쌀의 의미

이스라엘 민족이 젖과 꿀이 흐르는 땅을 신으로부터 부여받은 반면 우리 민족은 쌀과 콩이 생산되는 땅을 부여받은 셈이다. 쌀은 우리의 주식으로서 다른 어떤 곡류에 비해 우리 민족에겐 주식적 가치가 크고 우리의 기후와 토질에 맞은 작물이다.

쌀에 대한 의미는 많다. 쌀을 한문으로 표기할 때 미(米)로 쓴다. 이 미(米)자는 열십(十)자가 두 개 겹친 글자로, 쌀은 마치 에너지를 방사하는 에너지 방사체를 의미하는 것이라 볼 수 있다.

사실 쌀은 햇빛이 있는 환경에서만 재배될 수 있고 쌀 속에 햇빛이 화학에너지로 전환된 성분으로 가득 차 있기 때문에 이와 부합되는 듯하다.

또한 쌀미(米) 자는 재배 과정에서 88번의 손이 간다고 해서 열십자에 2개의 여덟팔(八)이 들어 있는 글자로 쌀 한 톨이 얼마나 손이 많이 가는 곡식인가를 의미해 준다.

이 미(米)자는 또 우리가 흔히 말하는 기운(氣運)이니 생기(生氣)니 하는 기운 기(氣)자에 공통적으로 들어 있어 쌀은 사람이 살아가는 데 생기를 내는 절대 불가결한 음식으로서의 의미가 있다.

또한 쌀미 자는 정신(精神)의 精자에도 들어 있어서 쌀은 정신력과도 관계가 있다고 볼 수 있다. 그리고 쌀은 살의 된소리로 우리 몸을 구성하는 재료가 된다는 의미를 내포하고 있다.

이로써 쌀은 우리의 몸과 정신을 낳게 하는 식품으로 이용돼

왔고, 재배 특성이나 영양 특성으로 보아 우리 민족의 영원한 식량으로 소중히 간직해야 할 곡식이다.

141

식품의 질이란

식품은 인간에게 유익한 영양소를 공급하는 것으로서 가치가 있다. 그러나 음식의 가치는 세 가지 가치 기준에 부합해야 좋은 식품이라 할 수 있다. 첫째, 영양소가 균형 있게 들어 있고(영양적 가치), 둘째, 맛이나 조직, 색이 만족스러울 것(기호적 가치), 셋째, 먹어서 탈이 나지 않아야(위생적 안전도) 한다는 세 가지 기준에 부합해야 한다. 이 세 가지 기준 중에서 제일 중요한 것은 위생적인 안전도이다. 왜냐하면 아무리 영양적으로 우수하고 맛이 있는 음식이라 하더라도 위생적 안전도가 떨어지면 그 식품은 식품으로서의 가치를 상실하게 될 뿐 아니라 식중독을 일으켜 오히려 해가 되기 때문이다.

예를 들어 맛있는 밥이나 비싼 쇠고기를 실온에 오래 방치하면 부패되어 먹을 수 없게 된다. 식품의 위생적인 안전도 문제는 원래 안전한 식품이라도 조리, 가공, 저장 및 취급되는 과정에서 위생적으로 부주의하면 쉽게 야기될 수 있다. 따라서 식품의 안전도는 건강 유지를 위해서 절대로 소홀히 할 수 없는 것이다. 때문에 안전한 식생활을 위해서는 위해 물질이나 위해 요소에의 노출을 최소화하는 올바른 식생활 상식이 필요하다.

142

가정 식사를 가족의 구심력 유지에

　가정은 전통적으로 가족들이 식사를 하고 잠과 휴식을 취하며 특히 청소년들에겐 부모의 가르침을 받아 성장하는 장소이다. 그런데 요즘 청소년들은 아침 일찍 등교해서 자정이 넘어야 귀가하는 생활이 거듭됨으로써 가족과 식사를 함께 할 시간이 없고 부모와 대화하는 기회도 거의 없어지고 있다. 이런 생활환경으로 인해 오늘날 청소년들은 가정에 대한 구심력보다 원심력이 자꾸 커지고 있다.

　부모가 만든 음식 대신에 외식으로 끼니를 때우다 보니 부모보다도 돈을 더 좋아하는 사회적 문제가 생겼다. 그 결과 요즈음의 청소년들은 무엇보다 돈만 있으면 만족해한다.

　따라서 과거 청소년들이 가졌던 가정의 중요성과 부모에 대한 존경심, 구심력 등이 점차 약화되고 있으며, 협동심과 국민의 구심력 또한 약해지고 있다. 이것은 가족력과 민족의 결집력을 약화시키는 원인이 된다. 이러한 문제점들을 개선하기 위해서는 하루 빨리 입시제도를 개선하고, 외식을 유도하는 어머니의 사고방식이 변해야 한다.

　따라서 한 끼의 식사라도 가족 모두가 함께 먹을 수 있도록 주부의 노력이 필요하다.

143

해외교포 520만은 우리 식문화 전파의 교두보

우리나라는 면적으로 보아 그다지 크지 않은 나라이다. 그러나 우리 민족은 분포상 이미 세계 국가의 틀을 갖추고 있다. 왜냐하면 해외에 거주하는 한국인이 약 520만 정도나 되기 때문이다. 영토를 군대 힘으로 확장하는 시대는 지났다. 우리 민족의 해외 분포 특징은 침략이 아니며 진취적 발로인데다가 금세기 미·중·소·일 등 강대국에 살고 있는 점이다.

세계 최강국인 미국인은 세계 여러 나라에 많이 분포되어 살고 있지만 러시아나 중국, 일본에서는 살고 있지 않다. 또 강대국인 러시아인들도 중국이나 한국, 일본에 살지 않으며, 경제대국인 일본 역시 한국이나 러시아, 중국에 살고 있지 않다. 그러나 우리 민족은 미국은 물론 러시아, 중국, 일본에 골고루 분포되어 살고 있다.

이렇게 해외에 거주하는 한국인이야말로 우리 영토의 확장 의미를 가지게 한다. 이것은 참으로 다행스러운 일이다. 더욱이 이들 재외 한국인이 우리의 전통 의상과 음식문화를 유지해 나갈 경우 우리 문화의 확장 의미가 된다.

그러므로 정부는 내국인뿐만 아니라 재외 교민의 관리에도 최선을 다해야 한다. 재외 교민이야말로 우리 말과 현지어를 다 알고 있어 우리 고유의 전통문화 전파와 우리말의 세계화 및 무역을 도와주는 교두보로서의 가치가 크기 때문이다.

144
•

먹거리의 4분의 3을 외국에 의존하고 있는 실정

개인이나 가정이 내일을 위해 먹을 거리를 확보하지 않는다는 것은 삶을 포기하는 것이나 마찬가지다. 국가 역시 국민이 일년 동안 먹을 식량을 확보하지 않는다면 이 국가는 존립이 불가능하게 된다. 이러한 예는 북한이나 아프리카의 여러 나라에서 볼 수 있다.

그런데 우리나라의 식량 사정을 보면 놀라지 않을 수 없다. 1997년도 당시 우리의 식량 자급률은 사료를 포함해서 약 25% 였다. 이는 우리의 식단이 75%가 수입된 것으로 준비되었음을 의미한다.

이러한 식량 자급도는 현실적으로 비상사태라 할 수 있다. 그런데 이 사실을 국민들이 실감하지 못하고 있는 데 더 큰 문제가 있다. 만일 전쟁이 발발하거나 식량 수출국의 흉년으로 수입 루트가 차단된다면 우리는 우리가 먹고 있는 식사를 4분의 1로 줄여야 되는 처지가 되고 만다. 만약 그렇게 된다면 얼마나 처참한 상황이 벌어지겠는가.

북한은 가뭄과 수해로 인해 굶주림을 당하고 있다지만 정작 근본적인 문제는 정치체제에 있다.

문민정부는 통일을 위한 포석으로 북한 식량돕기를 했다. 그런데 우리의 식량 사정을 깊이 안다면 미소띤 대북 식량 원조는 식량 강국들에게 조소거리가 될 것이다.

우리의 식량 사정의 실태를 잘 알지 못하고 막연한 감상적 동

포애에 들뜬 기분과 정치적 주도권 잡기식의 문민정부의 식량
지원은 남한과 북한이 모두 어렵게 될 수 있으므로 신중을 기해
고려해 봐야 한다.

145

여러 해 재배한 농산물이 불리할 수도

골동품은 오래 된 것일수록 값이 많이 나간다. 골동품만이 아
니라 식품 중에서도 오래 된 술이나 여러 해 재배된 인삼은 물
론 흔히 보식으로 먹는 잉어나 가물치 등 민물고기도 오래 자란
것을 선호한다. 그러나 오래 된 것이 다 좋다라는 고정관념은
바람직하지 않다. 그것은 토양이 많이 오염되어 있는 현실을 볼
때 더욱 그렇다.

우리가 먹고 있는 식량작물을 포함한 모든 생물이 주변 토양
으로부터 양분을 흡수하듯이 우리가 호흡할 때도 이로운 산소만
이 아니라 아황산 가스를 비롯해 오염된 공기를 마시게 된다.
이처럼 작물도 생육 중에 불필요한 성분이나 독성 물질을 흡수
하게 되어 오염물질을 축적시킨다. 그러므로 생활환경이 오염된
토양에서 오래 자라면 자랄수록 먹이의 연쇄로 인해 오염물질이
체내에 축적되는 양이 많아지게 된다.

제초제로 제초를 하고 병충해를 농약으로 다스릴 수밖에 없는
현재의 농업구조에서는 단년생 작물보다는 다년생 작물에 유해
물질이 더 많이 들어 있을 수밖에 없다.

또한 오염이 전답뿐만이 아니라 민물고기가 자라는 연못이나
저수지도 예외는 아니다. 경작지를 스쳐 물이 고여 있는 방죽이
나 호수의 물과 바닥은 보면 놀랄 정도로 오염되어 있을 것이라
는 것은 쉽게 짐작할 수 있다.

　따라서 오염되지 않은 곳에서 나는 먹거리나 확인된 특수 성분이 오래 생육된 생물체에서만 존재하고 그 성분이 약 성분으로 필요하다면 모르지만 일반적인 보식으로 먹는다면 다년 재배나 다년 사육된 먹거리보다는 어린 것을 선택하는 것이 경제적이고 건강에도 유리하다.

146

현미밥의 장점

　식생활에서 주식의 질은 국민의 건강과 영양에 매우 중요한 영향을 미친다. 그러므로 우리는 주식으로 먹는 쌀의 영양과 위생적인 품질에 대해서 관심을 가질 필요가 있다.

　최근 현미밥에 대한 여러 가지 장점을 인식한 나머지 현미밥을 먹는 가정이 늘어나고 있는 실정이다. 현미는 벼의 왕겨층만을 벗긴 것으로 겨층을 제거하지 않은 쌀이다.

　현미는 겨층이 있어서 백미보다 지방 함량이 많으나 여기에 있는 지방은 질이 좋은 것이다. 현미에 들어 있는 지방을 구성하는 지방산은 불포화지방산으로 리놀레익산(linoleic acid)이다. 리놀레익산은 다른 식물성 유(油)에도 많이 함유되어 있는 필수지방산의 일종이다.

　이 지방산의 중요한 생리적 기능은 세포막을 강하게 하고 혈관 벽에 부착되는 콜레스테롤을 제거하는 작용이 있어서 비만이나 동맥경화의 치료와 예방에 효과가 있다.

　또한 현미에 붙어 있는 쌀겨층에는 백미에는 거의 없는 토코페롤(비타민E)이 많이 함유되어 있다. 토코페롤은 세포의 노화를 방지하고 세포 내 지방산의 산화를 억제하는 효과가 있다.

　또 비타민B_1이 백미보다 많이 들어 있어서 백미 밥을 계속해서 많이 먹게 되면 판단이 흐려지게 되고 이기심을 높이며 현실과 꿈을 혼돈케 하는 증세를 유발할 수도 있다. 현미는 이러한 문제를 다소 해소해 준다.

또한 현미에는 베타시스테롤 성분이 들어 있어서 암을 비롯한 성인병을 막아 주고 정신건강에도 도움이 되는 기능이 있다. 그 외에도 미네랄 등의 영양소나 섬유소도 백미보다 많이 들어 있으므로 백미를 먹는 것보다 맛은 다소 떨어지지만 현미를 꾸준히 적량 섭취하는 것이 건강 유지와 두뇌 기능에 도움이 된다.

이처럼 식품은 부위에 따라 성분 밀도가 다른 경우가 많아 가공이나 조리 방법이나 조건에 따라 원래 함유된 영양가의 수준과 섭취 직전의 영양소 수준에는 큰 차이가 생길 수 있다.

147

건강의 사각지대인 지하 다방

다방(茶房)을 사전에서 찾아보면 차를 마시며 쉴 수 있게 된 영업집으로 되어 있고 청량 음료나 주스는 물론 발효 음료도 마실 수 있는 곳이다. 또 다방은 대화의 장소이며 백수건달들이 모여 소일도 하며, 장난기 많은 이들은 다방 종업원에게 성적으로 진한 얘기도 하는 등 다방면의 사람들이 모이는 곳이다.

옛날에는 대개 건물 일층에 다방이 많았으나 점포 임대료가 폭등하여 요즈음엔 대부분 지하층으로 내려갔다. 이렇기는 대중이 이용하는 이발소도 마찬가지다.

도시화가 가속화되면서 다방은 물론 이발소가 지상공간에서 햇빛이 들지 않고 습하며 공기가 탁한 지하실로 천이(遷移)가 일어났다.

그러면 지하실의 환경을 한번 생각해 보자. 주방에서 연료가 타서 나오는 탄산가스를 비롯한 유독가스, 겨울철 배기통 없는 난로(전기난로 제외)에서 나오는 탄산가스와 매연, 게다가 실연한 사람, 사업에 실패한 사람, 습관적으로 피워대는 담배 연기, 습한 공기로 인한 각종 유해 곰

팡이의 발생 등으로 다방의 실내 공기는 알고 보면 놀랄 만큼 오염이 심한 곳이다.

이런 곳을 우리는 스스럼없이 드나들고 있다. 이런 생활은 건강의 측면에서 보면 참으로 무모하기 짝이 없는 생활이다.

따라서 지하 다방은 자주 가거나 그곳에 오래 있게 되면 등산과 보약으로 건강을 관리하고 다져 놓았던 효과를 상쇄해 버릴 무서운 환경이라는 것을 유념해야 한다.

이제 우리 사회가 모든 면에서 좋아지고 있으므로 대중이 이용하는 지하 공간에 대해서도 정부의 적극적인 관심과 개선책을 세울 때이다. 즉 지하 다방이나 지하 상가같이 대중이 이용하는 공간은 특별한 환경 정화시설이 없는 한 허가하지 말아야 하며 공기 정화시설의 기능 상태를 주기적으로 확인하는 것이 필요하다. 또한 다방에서는 담배 판매 행위를 금지하고 절대 금연을 하도록 해야 할 것이다.

이런 것이 시정되지 않는 한 다방은 건강한 21세기를 만들기에 암적인 장소가 될 뿐이다. 청소년은 이러한 비건강적인 장소를 가급적이면 피하는 것이 머리를 맑게 하는 데 도움이 된다.

148
•

돼지고기를 금기시한 이유

돼지고기는 우리 식생활에서 육류의 대명사였다. 돼지 한두 마리는 농가의 부를 상징하는 가축으로 여겨 왔다. 돼지는 식성이 말이나 양, 소와는 달리 사람과 비슷한 잡식성이다. 그래서 우리 농가에서는 주방에서 나오는 음식물 쓰레기로도 사육이 쉬워 전통 농가에서는 한두 마리씩 사육해 왔고 애경사 때는 으레히 편육으로, 고사(告祀) 때는 돼지머리를 사용하는 등 단골 메뉴로 쓰여 왔다. 이러한 우리의 전통 육류인 돼지고기를 지역적으로 또는 종교적으로 먹지 못하게 하는 경우가 있다.

예를 들어, 알라신을 믿는 이슬람교도는 물론 구약성서를 믿는 유태인들은 종교적으로 돼지고기를 금기시해 왔는데, 그 이유를 보면 나름대로 이해가 된다.

돼지는 털이 적어 열의 반사나 뜨거운 태양열로부터 몸을 보호하기 위해서 물이 있는 외양간에서만 자랄 수 있는 수냉식 방열 특성 때문에 기온이 높은 사막이나 물이 부족한 중동과 같이 건조한 지역에서는 사육이 매우 부적합하다. 또 사람이 먹을 수 있는 식량이나 옥수수, 감자, 콩 등 섬유소가 적은 식량을 소비하기 때문에 결국 인간의 식량 부족을 부채질하게 되며, 또 작물을 뿌리째로 파먹어 농작물 경작지를 초토화시키는 문제의 동물로서 유목민들에게는 다른 초식동물에 비해 유리하지 못했다.

소를 기르면 얻어진 우유는 식품으로, 똥은 연료로, 또 짐을 운반하는 운반 수단으로 쓰일 수 있으나 돼지는 단지 고기밖에 쓸모가 없다는 것이다.

또한 되새김하지 않는 동물은 먹지 말라는 알라신의 계율을 지켜야 하는 제한도 있고, 또 돼지는 똥 속에서 몸을 식히는 불결한 환경에서 자라기 때문에 도살시 비위생적인 문제가 따른다는 이유와 열대 지방의 덥고 태양열이 강한 사막 지방에서는 지방의 산패가 빨라 변질이 쉽고 식중독 발생률이 높기 때문에 먹지 못하도록 한 것으로 보인다. 그리고 생돼지 고기의 선모충은 구충제가 없었던 옛날에 건강에 치명상을 입히는 기생충의 문제 등도 들 수 있다. 하지만 돼지고기는 위생적으로 취급, 조리한다면 값싸고 질좋은 단백질 식품이기 때문에 계율을 수정해도 무리가 없다.

이처럼 영양가 있고 경제적인 단백질 식품인 돼지고기가 기후나 종교가 다름으로써 터부시되는 경우는 합리적이지 못하다.

149

계량적인 식생활이 삶의 재미를 더해 준다

요즘 일본 사람들이 세계적으로 화제가 되고 있다. 원래 좁은 섬나라에서 살고 있는 그들이기에 절약이 몸에 밴 것은 생태학적인 적응에서 온 것이었겠지만, 이것이 국민적으로 공감대를 이루었기에 경제대국이 되었던 것이다.

일본의 주부들 중에는 손님이 오면 차를 대접하는데 이때 손님의 수만큼만 물을 부어 포트에서 데워진 물이 남지 않도록 한다는 것이다.

이런 예를 보면 그들은 비계량적인 생활보다 마음을 다스리고 연료를 절약하는 재미와 필요한 양만 빨리 끓이는 합리성을 실천하는 것이다.

반면 우리의 비계량적인 실상을 보면 낭비적인 것이 하나둘이 아니다. 매년 봄철에 버리는 썩은 김치는 악취가 나는 쓰레기가 되고, 수돗물이 철철 넘치도록 틀어 놓고 설거지하는 사람, 한두 가지의 옷가지로 자동세탁기를 돌리는 사람, 딸기처럼 쉬 변질되는 식품을 싸다고 한번에 몽땅 사서 뭉그러진 것을 먹게 하는 사람, 음식을 조리할 때 간을 대충 맞추다가 늘 짜게 만들어 못 먹게 만드는 경우, 아끼는 척하면서 실생활을 보면 절약이 무엇인지 알지 못하는 사람, 쓰레기로부터 재활용품을 분리 수거하지 않는 경우, 뷔페 식당에서 몽땅 퍼서 다 먹지도 못하고 남기는 등 우리 주변에는 비계량적인 생활상이 너무도 많다.

풍요로운 수준에서 그것이 무슨 생각거리냐고 할 수도 있겠지만, 중요한 것은 비계량적인 생활보다 계량적인 생활이 삶의 재미를 더해 주고, 이러한 절약적이고 합리적인 생활이 개선되지 않고서는 선진국 진입이 불가능하기 때문에 우리가 선진국으로 진입하는 데 있어서 타산지석으로 삼아야 할 점이다.

우리는 땅이 좁고 자원은 없는 데다가 인구는 많아서 우리 세대가 지금부터라도 오염을 줄이고 자원을 아끼려고 노력하지 않는다면 우리 미래의 주인공인 아들 딸들이 풍요롭게 살 만한 여지가 그만큼 줄게 되고 말로만 자원 절약을 외치는 행위에 불과해진다. 그러므로 절약만이 우리의 후손에게 삶의 터전을 남겨 주는 것임을 명심하자.

150
•

잘못된 음주문화는 사라져야

술은 축하의 자리에서 기분을 고조시키는 데 더없이 좋은 매개체이다. 그리고 친교의 자리에서는 윤활유 역할을 하며 또 고된 육체 노동 후의 한잔의 술맛은 무엇에도 비길 수가 없다.

그런데 잘못된 음주는 사람과 가정과 사회를 파괴하는 요인이 된다.

잘못된 음주로 인한 폐단은 한두 가지가 아니다. 음주 운전으로 인한 인명사고와 알코올 중독으로 개인과 가정을 망치는 경우, 신입생 환영회 자리에서 과음으로 대학이 무슨 곳인지도 모르고 사망한 사건, 술만 먹으면 살림살이를 부수거나 가족을 습관적으로 구타하는 경우, 술을 마시면 상하를 몰라보고 실수하여 직장에서 어려움을 겪는 사람, 군입대 환송모임에서 과음으로 사고를 쳐 입대는커녕 형사처벌을 받아야 하는 사례 등을 흔히 볼 수 있다.

물론 우리 민족이 수많은 고난의 역사를 밟아오면서 불행을 앞둔 초조감을 집단적으로 대처해야 할 경우도 많았던 게 사실이다. 하지만 우리의 음주문화는 여러 가지로 잘못되었다. 주량을 무시한 권주나 잔에 가득 채워 벌컥벌컥 마셔야 남자다운 것처럼 생각하는 잘못된 심리, 술 인심이 좋은 점, 공금으로 회식을 하는 동창회 계모임이나 직장 친목회 등이 많은 점, 군대나 일반 직장에서 상급자가 내리는 술은 의무적으로 마셔야 예의라고 생각하는 점, 로비성 술대접 문화, 여자들이 술시중을 드는 방석집 음주문화, 이차·삼차까지 옮겨다니며 술을 마셔야 된다는 의식 등이 과음과 폭음을 하게 하는 바람직하지 못한 음주습관이다.

이렇게 개인의 잘못된 음주가 자동차 문화가 보편화되지 않은 시대에는 주로 개인의 문제에 불과했으나 이미 천만 대가 넘는 자동차 홍수 시대에 살고 있는 지금은 개인은 물론 타인에게 막대한 피해를 주게 되었다.

'술 깬 후 가면 되니 한잔 하라'는 말을 술자리에서 흔히 듣게 되는데, 이러한 권주(勸酒)는 간접 살인 행위라 할 수 있다.

이런 권주문화로 주당들이나 주는 술을 받아 마셔야 예의로 아는 사람들 중에는 명절 때 음주로 인해 귀향길이 황천길이 된 사람이 많다.

이제 21세기를 살아가는 우리 생활에 무책임한 권주와 잘못된 음주문화는 사라져야 한다. 무엇보다 이러한 환경 속에서도 과음하지 않도록 하는 지혜야말로 최상의 호신술(護身術)이 아니겠는가.

천연 항산화제를 섭취하자

　유지(기름)는 식품의 맛이나 냄새, 물성에 중요한 영향을 끼치기 때문에 우리 식생활에서 제외될 수 없는 식품 성분이지만, 유지가 들어 있는 식품은 보관에 매우 주의해야 한다. 왜냐하면 보관 조건이 적절하지 못하면 보관 유통 중에 쉽게 산화되어 맛이나 향기, 위생 및 영양이 나빠지기 때문이다.

　특히 유지의 산패물인 과산화물은 세포의 노화를 일으키는 유독물질로 알려져 있기 때문에 식품 중의 유지 산패 방지는 식품 가공 기술자나 영양학자, 약·의학자들의 관심거리가 되고 있다. 따라서 기름이 많이 함유된 버터나 마가린, 각종 스낵류 등에 항산화제를 넣어 유지의 산화를 억제하려고 노력해 왔다. 지금까지 BHT와 BHA 같은 인공 항산화제가 유지함유 식품에 첨가되어 왔으나 이들은 발암성이 있다 하여 첨가량이 엄격히 규제되고 있는 실정이다. 그리고 인공 항산화제를 넣은 식품은 건강 지향적인 식생활을 하는 소비자들에게 좋은 이미지를 주지 못한다. 따라서 많은 사람들이 천연 항산화제 탐색에 노력하고 있으나, 안전하고 효능이 좋으며

값이 싼 실용적인 천연 항산화제를 아직 찾지 못하고 있다.

한 가지 고무적인 것은 우리가 전통적으로 먹고 있는 콩(특히 대두)과 깨에는 천연 항산화제인 토코페롤이 많이 들어 있다는 것이다. 또한 우리가 전통 향신료로 이용해 오던 생강에 항산화성이 있는 폴리페놀 물질이 들어 있다고 하나 생강으로부터 항산화 기능 물질을 분리하는 것은 경제적이지 못하다. 그러나 우리가 음식 조리 때나 차로 쓰고 있는 생강은 세포의 노화를 일으키는 프리레디칼 제거에 효과가 있다.

현실적으로 아직까지 효과적인 천연 항산화제가 없는 실정에서 지방이 함유된 식품을 위생적으로 쉽진 않지만, 유지 성분의 변질이나 유독화를 최소화하기 위해서는 오래 두지 말고 가급적이면 저온 암소에서 산소가 차단된 조건에서 보관하는 것이 바람직하다.(138항 참고)

152
·

설탕이나 포도당은 생체에서 긴급 에너지원

5대 영양소 중에서 체내에서 에너지를 낼 수 있는 영양소는 탄수화물과 지방, 단백질인데, 체내에서 에너지가 필요할 때 에너지로 쓰이는 순서는 일정하다.

세포 중에서 에너지 필요가 발생하면 제일 먼저 탄수화물이 소모되고, 혈액 중 탄수화물이 다 소비되고 나면 다음에는 지질이 에너지원으로 쓰이게 되고, 또 기아 상태가 계속되어 탄수화물과 지방이 고갈되면 이 단계에서는 근육을 구성하고 있는 단백질이 에너지원으로 소비된다.

운동 중에 설탕과 같은 당질이 함유된 음료를 힘을 낼 목적으로 먹었다가는 오히려 피로를 일으킬 수가 있다. 그 이유는 연료에 불씨가 있어야만 불을 붙여 열을 얻게 되는 것처럼 당질이 체내에서 산화되어 에너지를 내는 데는 비타민B_1이 필요한데 이 비타민B_1은 쌀눈이나 돼지고기에 많이 있기 때문이다.

사실 2차대전 때 독일 비행사들이 휴대한 식품 중에는 조난시에 생명 유지를 위해 포도당과 비타민B_1을 혼합한 씨레이션(c-ration)이 있었는데, 이것은 체내에서 당으로부터 에너지를 내는 데는 비타민B_1이 반드시 필요하기 때문이었다. 따라서 공부나 운동 중 또는 일과 중에 힘을 보충하기 위해서 설탕이나 포도당만을 먹는 것은 오히려 피로를 일으키는 역효과를 낼 수 있다.

153

식생활도 내쇼널이즘이 필요

사람은 그가 살고 있는 땅이 있다. 이것이 지역적으로 그룹화 되고 정치적으로 묶여진 것이 국가이고, 혈통이 같은 사람들끼리 그룹지어진 것이 민족이다. 우리나라는 여러 민족이 모여 만들어진 미국과는 달리 단일민족 국가이다.

세계는 지구촌 시대이니 세계화 시대이니 해서 국가와 민족의 구분이 다소 누그러지고 있는 듯하나 이런 때일수록 자기 민족을 묶는 결속력이 더욱 필요하다.

민족의 결속력 유지를 위한 중요한 매체는 무엇보다도 그 민족의 생활문화이다. 이 문화적 구심력을 유지하고 공유하는 민족만이 긍지와 위상을 유지할 수 있다. 문화는 그 민족의 삶을 위한 호흡이다. 그렇기에 식생활 문화 역시 우리 민족이 가지는 특징이며 우리 민족의 구심력을 유지하는 데 크게 기여했다. 특히 식문화는 자연 조화적이며 편이성이 내재된 고유한 특성이 있다.

우리는 다른 민족에 비해 각종 세시음식(팥죽, 떡국, 찰밥 등)이 많다. 그리고 우리 환경에 조화적인 김치와 된장, 간장, 고추장, 청국장 등과 같은 발효식품을 창출해 냈고, 기후와 토질에 조화 작인 미작(米作) 문화를 창출했다. 동물의 꼬리와 머리, 내장, 발등을 해부학적으로 분리해서 낭비 없이 이용하는 식습관 문화와 개고기를 보신으로 먹는 식문화 등은 우리 민족의 특징적 식생활 문화이다. 모든 것이 우리 농민들이 손수 지은 농산물이 음식의 재료가 되었고 이 음식은 우리 국민의 건강과 농업 구조를 유지하는 데 크게 기여하였다.

경제수준의 향상과 식생활의 서구화 등으로 동물성 식품의 소비가 크게 증가되었다. 그 결과 고혈압이나 뇌졸중(중풍), 동맥경화 등 혈관계 질환의 발생이 증가되고 식량 안보 지표인 식량자급도는 크게 낮아지는 결과를 초래하였다. 이러한 문제는 우리의 식량정책과 국민 영양정책이 잘못되고 무분별한 서구문화 선호사상에서 온 사회문제이다.

따라서 지나친 동물성 식품 소비를 줄이고 우리 땅에서 난 먹거리를 많이 이용하는 신토불이적 전통 식생활 문화야말로 건강 지향적 식생활이요, 식량자급도를 높여 식량 안보에 기여하게 되며, 우리 농업을 보호하는 참 애국적인 삶임을 자각해야 한다.

154

청소년 시절의 식생활은 성인 건강의 첫 단추

모든 일에는 시작과 끝이 있고 인과응보적 진리에 따라 성공과 실패, 행복과 불행이 있게 마련이다.

청소년 시절의 식생활은 일생에서 건강의 첫 단추를 끼우는 시기와 같아 이때의 올바른 식습관 형성과 위생적인 식생활 상식의 터득은 일생을 건강하게 그리고 컨디션이 좋은 상태에서 공부를 잘 할 수 있도록 하는 관건이 된다. 때문에 청소년 시절부터 올바른 식생활 지식을 익혀 실천하는 것이 필요하다.

청소년 시절의 건강은 자신감을 가지게 할 뿐 아니라 부모에게는 최고의 효도자요, 수학능력을 높이는 데 또한 최상의 초석이 된다.

155
•

식생활 계획은 건축 설계도 못지 않게 중요

매사에 계획을 세워 일하는 것과 그렇지 않을 경우 일의 성과에서 큰 차이가 있음을 볼 수 있다. 예를 들어 건물을 지을 때 설계도가 매우 중요한 것처럼 말이다.

경제적이고 건실하고 아름다운 건물을 짓는 데는 반드시 좋은 설계도가 필요하다. 하물며 학생들의 학습능력에 심대한 영향을 주는 그날의 컨디션은 식생활과 밀접한 관련이 있기 때문에 바람직한 식생활 계획을 세워 실천하는 것이야말로 공부를 열심히 하려는 청소년과 공부를 잘해 주었으면 하는 주부가 유념해야 할 중요한 점이다.

그럼 어떤 식생활 계획이 필요할까?

우선 무엇을 얼마만큼 어떻게 조리해서 언제 먹을 것인가를 나름대로 계획한다. 여기서 '무엇을'이란 영양적으로 균형과 위생적인 안전도를

고려한 식품의 종류를 뜻하며, '얼마만큼'이란 과식을 피하고 위나 소화력에 부담이 되지 않는 것을 뜻하며, '어떻게 조리해서'란 여러 가지 식품으로 구성해 균형이 잡힌 식품을 가급적이면 물조리를 하되 과열이나 장시간 조리를 피하고 맵거나 짜지 않게 해서 맛있게 조리하는 것을 뜻하며, '언제 먹을 것이냐'는 일정 시간 간격으로 리듬 있게 식사하는 것을 뜻한다.

식사는 마치 건물을 짓는 데 필요한 벽돌과 같이 우리의 건강

을 유지하는 기둥이라 할 수 있다.

　무계획적인 식사를 하는 것보다 계획된 식사를 하는 것이 건
강과 학습능률을 높이는 인(凶)을 심는 것이다.

156

공부를 하고도 스태미나가 남으면 운동으로 발산해야

스태미나는 섭취한 음식의 종류와 양, 활동이나 운동량에 따라 다르다. 일반적으로 스태미나가 왕성한 것을 선호하나 스태미나가 지나치면 공부하는 청소년들에게는 해가 될 수 있다. 어떤 원인으로 스태미나가 폭발적으로 증가하면 청소년들이 엉뚱한 생각을 많이 해서 공부가 방해될 수도 있다.

그러면 과잉된 스태미나를 어떻게 해소해야 할까?

과잉의 스태미나는 공부를 열심히 하면 감소되지만 고단백 식사를 계속 한다든지 인삼과 같은 스태미나 강화식품을 지나치게 먹으면 주체하기 힘들 정도로 스태미나가 생길 수 있다. 이런 때는 충분한 운동으로 스태미나를 발산시키는 것이 필요하다.

그러나 우리 청소년들의 환경은 운동을 해서 스태미나를 해소할 프로그램이나 사회 체육시설이 너무도 빈약하다. 그렇다고 자기의 스태미나 관리를 소홀히하는 것은 공부를 하는 학생으로서 바람직하지 못하다. 공부하다가 짬짬이 운동장을 달리거나 축구, 테니스, 자전거 타기, 수영, 줄넘기 등 유산소 운동을 하는 것이 좋다. 또 가사를 도와주거나 적당한 운동 기구가 없으면 앉아 있는 책걸상을 이용해서 가볍게 근육운동을 해도 좋다.

스태미나는 음식이나 운동으로 조절하되 너무 약하면 기력이 부족하여 공부에 지장을 초래하고 반대로 지나치면 엉뚱한 생각이나 지나친 운동이나 자위 행위를 하게 되어 도리어 피곤하거나 기력이 약해질 수 있다. 그러므로 고른 음식물 섭취와 적당한 활동과 운동으로 적절한 스태미나 유지를 위해 노력하는 것이 공부에 바람직한 생활 실천이다.

157
•
농업의 특성

인간은 태초부터 상당 기간 동안 자연에서 얻을 수 있는 야생의 동식물성 식품을 얻어 먹고 살았다. 그러나 자연생의 먹거리로는 인간이 필요로 하는 모든 영양소를 충족하기에 너무 불충분했다. 그래서 인간이 보다 안정되고 풍요로운 삶을 위해 농업을 시작한 것이다.

그렇다고 농업이 언제까지나 충분한 식량을 보장해 주는 것은 아니다. 왜냐하면 농업은 과학이 발달된 이 시점에서도 과학의 힘으로 조절이 불가능한 지구의 자전과 공전에 의존하는 속성이 있기 때문이다. 또 농업에 직접적인 영향을 주는 자연의 기온과 기후를 조절할 수 없는 문제도 있다. 그리고 농업은 태양 광선이 필요하기 때문에 입체적 생산에 한계가 있으므로 토지 이용 효율에서 공업보다 비효율적이다.

농업은 시기적으로 시간적 편중성이 있고, 위치적으로 지역적 편중성이 커서 일 년 동안 꾸준히 생산성을 유지하기란 불가능하다. 또한 농수산물은 부피가 크고 변질되거나 부패하기 쉬워 특별한 저장 환경, 즉 고비용 저장 시설이 요구된다. 그 외에 공업과 다른 점은 기계화 및 자동화가 어렵고 노동 집약적이다. 그리고 생산 시간이 공업 생산에 비해 매우 길다는 단점이 있다.

또한 농업을 방해하는 병해충 퇴치에 사용한 농약이 잔류하여 독성 문제를 야기시켜 인간에게 해를 주므로 농민들은 죄의식을 가지게 되는 처지에 있다. 또한 현실적으로 햇빛에 그을려 피부가 검게 되는 것을 원하지 않기 때문에 농업은 요즈음 말하는 3D 업종에 속하는 약점이 있다.

이처럼 공업에 비해 약점이 많은 농업을 지속하고 있는 것은 농업은 인간의 삶을 유지해 주는 생기(生氣)를 생산하는 생명산업이기 때문이다.

인간은 최첨단 비행기나 고밀도 컴퓨터 칩을 먹고 살 수는 없다. 생기를 주는 밥이 없는 사람들에게는 비행기든 자동차든 텔레비전이든 전화기든 밥 한 그릇에 비교할 가치가 없다.

모든 생활에서 밥의 해결이 최우선이기 때문에 농업은 인간성을 유지하고 발전과 희망을 안겨 주는 기본적인 산업이라 할 수 있다. 또한 농업은 DNA의 연속을 돕는 적극적인 행위요 자연순환적이요 환경친화형이요 생기를 생산하는 생명산업이다.

(38항 참고)

158
•

수입 농산물의 문제점

자기 나라에서 난 먹거리로 자국민이 충분히 먹고 살 수 있다면 이것은 그 국민에게 매우 다행한 일이고 또 나아가 세계 식량 사정에도 바람직한 것이다. 그러나 대다수의 국가는 경작지의 부족과 기후나 토질에 의해 자기 나라에서 생산하지 못하는 먹거리를 수입하는 경우가 많다. 이러한 수입 먹거리는 부족하거나 꼭 필요로 해서만이 아니라 교환무역 조건으로 수입하게 되는 때도 있다.

어떤 경우이든 수입 먹거리는 수송 도중 변질이 일어나지 않아야 되고 수입한 나라에 유입되어 농작물이나 생태계에 영향을 주는 해충이나 미생물이 오염되어 있지 않아야 된다. 만일에 변질이나 해충이 있는 농산물이 발견되면 통관이 되지 않아 막대한 손해를 보게 된다. 그래서 수출업자들은 이러한 문제가 발생하지 않게 하기 위해서 각종 변질 방지제(방부제)나 살균 살충제를 무방비 상태로 자행하고 있다.

더욱이 문제가 되는 것은 미국산 농산물의 경우 현재 선통관 후검역을 하기 때문에 유해할지 모르는 수입 먹거리가 통관 유통된 후에 유해성이 체크되는 문제가 있다. 좋은 예로 미량으로 맹독성인 다이옥신이 함유된 돼지고기가 유통된 다음 유해성이 발견되어 전국이 떠들썩하다. 또한 상당량의 먹거리가 중국으로부터 해상을 통해서 밀수되어 국내로 반입되기 때문에 유해성 가능성이 매우 높으나 확인되지 않는 데 그 문제가 크다.

먹거리 중에서 밀은 우리의 제2의 주식이다. 하지만 아직도 거의 전량을 수입에 의존하고 있는 형편이다. 밀은 수입한 쌀보다 위생적으로 안전도가 낮다. 우선 밀은 습기가 많은 여름철에 수확되기 때문에 곰팡이 오염과 번식이 용이해서 곰팡이 번식에 의한 발암성이 매우 강한 아프라톡신과 같은 곰팡이독의 오염 가능성이 크다. 그래서 곡식 저장과 유통 중에는 각종 곡식 해충을 방지하기 위해서 여러 가지 유독한 훈증제를 쓸 가능성이 매우 높다.

물론 먹거리에는 나쁜 물질을 쓰지 않는 것이 바람직하지만 식품은 변질되거나 부패되기 쉬운 속성이 있기 때문에 상업적인 농산물은 유통·보관 때 식품의 손실과 위생적인 안전성을 확보하는 차원에서 각종 예방책이 동원되는 것이 현실이다.

최근에는 미생물과 해충 및 부패 예방에 방사선을 많이 쓰고 있는 것으로 알려져 지나친 선량의 방사선 처리 식품의 수입에도 문제가 있다.

그렇기 때문에 가능하면 국내산 먹거리를 이용하는 것이 식품 위생상 안전하고 우리 체질에 맞아 건강에도 좋으며, 우리 농업을 보호하는 차원에서도 바람직하다.

159
·

어지간한 병은 균형잡힌 식사로 치료 가능

우리의 과거 식사는 칼로리가 절대적으로 부족했고 단백질 또한 부족해서 건강한 몸을 유지하기 힘들어 평균 수명이 40~50세 정도였다. 하지만 요즈음은 충분한 칼로리와 지방, 단백질 섭취의 영향으로 신장도 커지고 수명이 70~80세로 늘어났다. 따라서 먹거리의 풍족으로 긍정적인 면이 있는 반면, 활동은 적으면서 지나친 칼로리와 단백질, 지방 섭취로 인해 각종 성인병으로 고생하는 사람들이 많아져 우리 식생활의 양면성을 보여준다. 식사량은 부족하거나 너무 지나쳐

도 병을 일으킨다. 적당히 균형잡힌 식사를 적당량 지속적으로 하는 것이야말로 모든 병을 예방하고 치료하는 데 근본이 됨을 알아야 한다.

생활하다 보면 간혹 건강이 좋지 않게 느껴질 때가 있다. 이런 때는 영양제나 보약을 먹는 것보다는 소화되기 쉬운 음식을 균형 있게 섭취하고 안정을 취하면서 휴식 시간을 가지면 회복되는 경우가 많다.

병은 여러 가지의 원인이 있으나 흔히 영양과다와 영양실조,

영양불량 등에서 오는 경우가 대부분이다.

영양적으로 불균형한 식사를 계속한 사람은 건강이 차츰 나빠져 결국에는 병으로 나타나게 된다. 편식은 식품 중에 있는 어느 독성 물질이 체내 해독 능력을 넘게 되면 체내에 잔류되어 독성분으로 작용하는 문제가 생긴다. 또 음식을 너무 많이 먹어 흡수하고 남을 정도가 되면 이 영양소가 오히려 유해한 화학물질로 작용하게 되어 질병을 일으킨다.

따라서 식사는 총량이 문제가 아니라 영양 성분의 균형이 중요하다. 어느 식품이 좋다 하여 한 가지 식품만 편식하면 영양불량이나 영양실조에 걸리기 쉽다.

일단 잘못된 식사로 생긴 병은 약으로 고치기보다는 균형잡힌 식사를 지속적으로 함으로써 서서히 회복되게 하는 것이 좋다. 회복 기간은 영양실조나 불균형 상태의 지속 기간에 비례하지만 너무 장기간에 걸쳐 나쁜 영향 상태가 지속되면 회복이 불가능하게 된다.

바람직한 균형식을 위해서는 과거 우리 조상들이 먹어 오던 쌀이나 보리 같은 곡식으로 지은 밥을 기본으로 하고, 여기에 밭에서 난 채소류(상추, 시금치, 당근 등)와 적당량의 해산물(김, 미역, 다시마와 각종 생선류 한 토막), 육상동물의 고기(쇠고기, 돼지고기, 닭고기나 우유, 달걀 등) 및 대두식품(된장, 청국장, 두부)을 적당량 지속적으로 먹는 것이 좋다.

그런데 한 끼에 여러 가지 식품을 다 먹기란 불가능하기 때문에 가능하면 조금씩이라도 하루에 여러 가지를 먹는 것이 좋다. 하지만 실제 식생활에서는 실천하기 어려운 일이므로 하루 이틀에 걸쳐 약 30~40가지 정도를 먹도록 하면 건강 유지에 좋다.

건강을 위한 바람직한 식생활의 조건은 균형(balance)과 다양성(variety) 및 적당량(moderation)의 섭취를 실천하는 것이다.

160
•

돼지고기의 장점

돼지고기는 식량으로서 효용 가치가 크나 식중독 발생 우려가 있고 쉽게 변질되는 단점이 있다. 즉 돼지고기 중에는 공기나 고온에 산화되기 쉬운 불포화지방산이 다소 많고 비타민 B_1이 많이 함유되어 있어 미생물이 오염되면 증식이 빨라 식중독의 위험률이 높다.

돼지고기가 근본적으로 식중독 위험도가 높은 것은 아니다. 다만 도살이나 취급, 보관 방법이 위생적이지 못한 데 있기 때문에 위생적으로만 다루면 장점이 많은 우수한 동물성 식품이다. 그리고 영양적으로 보면 다른 육류에 비해 손색이 없다. 특히 불포화지방산의 함량이 높아 동맥경화나 뇌졸중, 고혈압과 같은 성인병 예방 치료에도 쇠고기보다 유리한 육류이다. 더욱이 쌀밥을 생기(生氣)로 바꾸어 주는 데 필요한 비타민B_1이 쇠고기보다 9배나 들어 있어 쌀밥에 잘 어울리는 식품이다.

또한 식량 수입 의존도가 높은 우리의 처지에서 사료 효율이 높은 것이 바람직한데, 돼지의 경우 사료 효율이 다른 가축에 비해 높아 돼지고기를 쇠고기로 대치하면 식량 사정을 호전시킬 수 있다. 즉 사육 중 소비된 사료 중의 에너지의 근육 조직화율은 돼지 35%, 양 13%, 소는 6.5%로 어느 가축에 비해 사료 효율이 좋은 것을 알 수 있다.

따라서 쇠고기 대신 돼지고기를 소비하는 것은 우리의 식량 대외 의존도를 낮추고 외화를 절약하는 애국적 행위이다.

미국의 개나 고양이 사료로 기아국 국민을 살리고 남아

최근에 북한의 식량 부족 문제는 세계적으로 관심거리가 되었다. 개인이든 국가든 먹거리가 부족하면 무시당하게 되고 자존심마저 짓밟히고 만다.

미국에서 보면 슈퍼마켓에 고양이나 개밥이 산더미처럼 쌓여 있는데 이 정도의 사료는 기아에 처한 사람들에게 훌륭한 먹거리가 될 수 있다. 그런가 하면 우리들이 먹다 남기는 음식은 북한의 굶주린 동포들의 배고픔을 해결하는 데 소중한 먹거리가 될 수 있다. 미국은 군사적으로나 경제적으로 식량 강국이다. 게다가 인도주의를 최우선하는 나라처럼 처세를 한다. 그러나 식량이 부족한 나라에 대한 것을 보면 냉정하기 그지없다.

이러한 현실에서 우리 국민이 유념해야 할 것은 과식을 피하고 육류 소비를 줄이며 일상 식생활에서 먹거리 낭비를 자제해야 하는 점이다. 이것이야말로 애국의 길이요, 지구촌의 기아 문제를 완화하는 데 바람직하다.

162

음식을 천천히 먹으면 비만 예방에 효과

음식을 빨리 먹거나 천천히 먹는 식습관은 성격이나 생활 습관, 소화력, 분위기 등에 영향을 받는다. 인간은 음식이 위에 들어와서 약 10분쯤 지나야 포만감을 느끼게 된다고 한다. 주변에는 한 끼 식사하는 데 걸리는 시간이 5분도 안 되는 속식가(速食家)들도 있다.

일설에 의하면 천천히 식사하는 사람은 빨리 먹는 사람보다 배부른 느낌(fullness)을 일찍 느끼게 되어 적게 먹음으로써 비만 예방에 도움이 된다고 한다. 그리고 천천히 오래 씹어 먹으면 여러 모로 좋다.

음식을 천천히 먹으면 우선 음식물을 잘게 만들어 침과 소화효소와의 접촉 면적이 커져서 소화가 잘 된다. 그리고 잘 씹어 먹으면 음식물이 소화되지 않고 대변으로 배설되는 양이 적어 살로 갈 확률이 높다.

반면 식사를 빨리 하면 침이 불충분하게 분비되어 음식에 섞이는 양이 적게 된다. 일반적으로 평소에 빨리 먹어도 소화가 잘 되는 사람은 침의 분비가 잘 되는 사람이다. 그래서 침의 분비가 적은 노약자일수록 천천히 오래 씹어 먹는 것이 소화에 도움이 된다.

또한 음식물을 천천히 꼭꼭 씹어 먹으면 턱뼈의 운동량이 증가되어 머리에 있는 혈액을 심장으로 빨리 돌아가도록 하여 혈액순환을 촉진하여 주기 때문에 뇌세포의 노화를 막아 주는 효과도 있어서 턱을 제2의 심장이라고도 한다. 이러한 효과는 껌을 씹는 경우도 마찬가지다.

침에는 각종 살균성 물질이 들어 있어서 천천히 먹는 것이 식중독 예방에도 도움이 된다. 옛말에 빨리 먹는 밥은 체하기 쉽다는 말이 있다. 상당히 일리가 있는 말이다.

성미가 급하고 세상을 바쁘게 살아가는 이 시대에 식사 시간이라도 여유를 가지고 살았으면 한다.

식사는 즐겁게 해야 소화가 잘 된다. 화가 나거나 긴장되거나 하면 목이 마를 정도로 침이 나오지 않아 소화가 잘 안 되므로 식사할 때는 늘 편안하고 즐겁게 할 수 있는 분위기 조성이 필요하다.

163

신 음식은 세균성 식중독 예방에 좋아

식중독은 주로 식품에 오염된 세균에 의해서 일어나기 때문에 기온이 높은 여름철에 많이 발생한다. 식중독을 일으키는 세균으로는 원래 식품에 오염된 것과 취급 과정에 오염된 것이 있다.

세균도 다른 생물과 마찬가지로 환경과 온도, 산도(pH), 영양 등에 크게 영향을 받는다. 그래서 이 중 어느 한 가지만 결여되어도 균은 생육할 수가 없다.

이 중에서도 음식의 산도는 식중독 발생 여부의 기준이 될 수 있다. 즉 식중독 균의 오염 여부를 판단하는 데 산도는 중요한 기준이 된다. 따라서 pH값이 4.0 이하인 식품에서는 대개 식중독을 일으키는 세균의 오염이 거의 없게 된다. 다시 말해 신맛이 나는 식품에는 식중독을 일으키는 균이 살 수 없다는 것이다.

우리가 먹는 사과나 복숭아, 살구, 매실, 키위라든가 잘 익은 김치에서는 여러 가지 유기산이 존재하여 세균이 자라는데 부적당한 환경이 되기 때문에 식중독의 위험이 없다. 그러나 고기나 밥, 빵, 떡처럼 신맛이 나지 않는 식품은 보관이나 취급을 잘못하게 되면 세균성 식중독을 일으키기 쉽다.

인위적으로 식품의 산도를 조절해서 식중독 예방 효과가 나타나는 예로는 초밥과 김치전, 피자, 요구르트, 초절임, 김치 등이 있다.

또한 유기산을 함유한 식품을 적절히 사용하면 학생들의 여름철 도시락 반찬의 식중독을 방지하는 데 실효를 거둘 수 있다. 예를 들면 도시락 반찬으로 신맛이 있는 김치나 장아찌류를 다른 반찬과 같이 보관하면, 식중독 예방 효과와 아울러 맛에 액센트 역할을 할 수 있다.

어쨌든 인류는 산에 의한 식중독 예방 기능이 자연적으로 혹은 인위적으로 활용된 덕택으로 많은 질병을 예방할 수 있었다. 그 결과 인구가 이렇게 번창되었다고 해도 과언이 아니다.

젓가락 사용과 지능 발달

　젓가락은 식탁에서 빼놓을 수 없는 우리의 식사 도구이다. 중국과 일본에서도 젓가락을 사용하기 때문에 이 문화권을 젓가락 사용 식문화권이라고 한다.

　젓가락은 마치 손가락을 다소 연장시킨 것으로 사용법이 숙달되면 쉽게 작은 조각까지도 집을 수 있어 편리한 식사 용구이다.

　어떤 학자는 젓가락을 사용하는 식문화권 사람들은 손재주가 좋다고 평가하기도 한다. 그래서인지 젓가락을 사용하는 한국 사람들이나 일본 및 대만(중국) 사람들이 요즈음 국제 기능올림픽에서 계속 선두를 달리고 있는데, 그것은 결코 우연한 일이 아니다. 이는 젓가락을 이용한 식생활에서 손재주가 개발된 것으로 볼 수 있다.

　젓가락은 퍼슬퍼슬한 남방미의 밥에는 맞지 않고 찰진기가 있는 쌀밥을 먹는 데 아주 편리하다. 또 젓가락은 밀의 가공품인 빵을 먹는 데는 필요없지만 국수를 먹는 데는 없어서는 안되는 매우 편리한 식사 기구이다. 그래서인지 한국과 중국(지역에 따라 다르지만), 일본인들은 국수를 좋아하고 또 찰진 밥이나 찰떡을 좋아하는 공통점이 있다.

　이러한 식생활 특성은 동양 삼국이 극동의 주력 국가가 될 수 있는 저력으로서 나아가 세계적인 주력 국가로 발전하는 데 좋은 동질요소(同質要素)라 할 수 있다.

　또한 젓가락 사용은 좋은 진리가 내재되어 있음을 엿볼 수 있다. 한 짝의 젓가락보다는 두 짝이 짝을 지을 때만 비로소 젓가락의 기능이 극대화되는 것처럼, 두 사람이 협동을 하면 모든 일이 극대화된다는 의미를 갖고 있다. 또한 처녀·총각이 결혼하는 것도 마치 젓가락 두 짝이 만나 그 기능이 좋아지는 것과 같은 이치로 생각된다.

　인간을 창조적인 동물이라고 한다. 창조는 마음에 떠오른 것을 결국엔 손으로 표출하기 때문에 손재주는 개인의 재산임은 물론 국부(國富)에 영향을 주는 재산이다. 때문에 손재주는 문화 창달에 중요한 바탕이라고 할 수 있다.

165

찰진 음식을 좋아하는 한국인과 일본인

　식품은 우리 몸의 재료요 마음은 신체가 있는 데서만 존재하므로 마음도 음식에 영향을 받는다고 할 수 있다. 그래서 오랫동안 보편적인 식품이 되어 온 전통식품은 국민성과 건강을 형성하고 유지하는 데 중요한 영향을 주었다.

　그 한 예로 한국인과 일본인은 세계 어느 나라 사람들보다 전통적으로 찰진 쌀밥과 떡을 좋아했다. 그래서인지 쌀을 재배하는데도 밥을 하면 퍼실퍼실한 인디카 형태(Indica type)의 벼를 재배하기보다는 찰진 맛이 나는 자포니카 형태(Japonica type)의 벼를 재배해 왔다. 그리고 찹쌀이 멥쌀의 몇 배나 비쌀 정도로 고급 쌀로 여겨져 왔다. 반면 남방 국가나 서양 사람들은 대부분이 찰진 밥을 좋아하지 않는다.

　쌀밥에서 찰진 맛이 나는 이유는 전분을 구성하고 있는 두 가지 성분, 즉 아미로스와 아미로펙틴 중에서 아미로펙틴 함량에 의해서 좌우되는데, 찹쌀에는 아미로펙틴이 남방미보다 많이 들어 있기 때문에 찰진 맛이 더 난다.

찰진 밥이나 떡을 좋아하는 한국 사람들은 이런 찰진 성질에 대한 의미도 각별해서 시험 전날에 합격을 염원하는 뜻에서 수험생에게 찰떡이나 찹쌀엿을 선물로 주기도 하고 시험장 교문에는 떡이나 엿이 더덕더덕 붙게 되는 풍속을 볼 수 있다.

찰진 기는 협동과 단결, 끈기와 투지 및 개척정신을 나타내는 의미로도 미화될 수 있다. 이유인즉 찰진 기가 있는 밥이나 떡을 좋아하는 일본인이 세계적 경제대국을 이룬 것은 그들의 기질이 마치 찰진 밥의 결착력과 같은 데서 찾아볼 수 있다. 그뿐 아니라 우리 한민족은 많은 외침과 국난에도 소멸되지 않았고, 특히 강대국인 중국의 인접 국가임에도 불구하고 중국에 흡수되지 않고 우리 고유의 전통과 말 그리고 혈통을 유지해 왔다. 한편 크기는 작지만 영향력이 강대국을 능가하는 국가와 국민으로 발전된 것은 남다른 단결력과 끈기가 없었다면 불가능했을 것이다.

어떤 이들은 한국인의 끈기와 단결력을 과소 평가하면서 우리 민족의 단결력을 언제나 일본인보다 못한 것처럼 평가하고 있다. 하지만 필자는 이에 동의하고 싶지 않다. 일본이 섬나라이기에 망정이지 우리 민족과 같이 힘겨운 과거사가 있었다면 아마도 오래 전에 멸망했을지도 모른다.

어쨌든 찰진 음식을 좋아하는 한국인과 일본인의 저력이 거의 같은 시기에 세계적인 관심을 끌게 되고 선진국으로 발전할 가능성을 인정받고 있는 공통성은 마음과 몸을 지배하여 온 독특한 음식 문화에서도 찾아볼 수 있다.

이러한 양국민의 공통적인 특수한 속성은 양국 민족간에 같은 근원성을 생각하게 하며, 이는 극동아시아 국가의 동질성 유지에 좋은 바탕이 될 수 있다.

166
·

농민은 태양의 전령

 사전상으로 농민은 농사짓는 백성, 농부, 농군, 농업을 하는 사람 등으로 정의되어 있다. 이러한 정의는 단순히 직업을 분류하기 위한 정의이다. 사실 농민은 알고 보면 어느 직업보다 인간적이고 가장 자연적인 직종에 종사하고 있는 사람들이다.

 이 세상에는 온갖 종류의 직업이 있는데 농부만큼 자연친화적인 직업은 없다.

 우선 농민은 인간이 살아가는 데 절대적으로 필요한 식량을 생산하고, 동시에 공해나 각종 동물들이 발생시킨 탄산가스와 오물을 제거하고 인간에게 절대 필요한 산소를 생산하여 자연을 정화시키고 있는 사람들이다. 또 무한의 위력을 가진 태양으로부터 나오는 빛에너지를 엽록소를 가진 식물을 통해 화학에너지로 바꾸는 광합성을 일으키게 하는 사람들로 태양과 간접적으로 교감하면서 살아가는 사람들이다. 또한 농민들은 만물의 근원이라고 할 수 있는 흙에 씨를 뿌리고 가꾸고 그 결과에 늘 감사하는 겸손한 사람들이다.

 농민은 일반적으로 좀 위험하고 어렵고 더러운 3D 직업에 종사하고 있지만 이러한 농민이 없다면 어떻게 되겠는가. 또 농민이 농사를 게을리해서 흉년이 들면 개인이나 국가는 정보 비행기나 고성능 컴퓨터를 가지고도 또는 고성능 미사일을 가지고도 무력해질 수밖에 없다. 따라서 농민은 국가의 체면을 유지하고 국가의 안보를 굳건히 할 수 있게 하기 때문에 농군(農軍)이라고 해야 마땅하다.

 이쯤 되면 농민은 애국을 입으로만 외치는 엉터리 국회의원보다 또는 천당만을 생각하는 엉터리 종교인보다 애국자이다. 만일 천당이나 극락이 있다면 농민은 0순위 자격으로 내세(來世)를 맞을 것이다.

비브리오 패혈증 식중독 예방법

식중독에는 여러 가지가 있는데 그 중에 치사량이 가장 높은 것으로는 비브리오 패혈증 식중독이다.

이 비브리오 패혈증 식중독은 여름 한철 바다 생선회 장사들과 바다회 애호가들에게 치명타를 주는 식중독이기도 하다.

비브리오 패혈증균은 적당한 염분과 수온이 높은 조건에서 잘 번식하기 때문에 염도가 3%인 바닷물에서 여름철에 번식력이 강하다. 이 균은 번식 시간(generation time)이 10분으로 약 20분 정도인 다른 식중독균에 비해 매우 짧기 때문에 해산물, 특히 연근해 해산물을 잘못 취급할 경우 생선의 신선도와는 관계없이 식중독을 일으키게 된다. 따라서 비브리오 패혈증균은 수온이 높은 여름철에 조개류를 비롯한 각종 생선에서 번식될 수 있다. 그러므로 여름철 조개류나 생선회를 먹는 것은 매우 위험하다. 그러나 이러한 무서운 식중독도 다소 주의를 하면 효과적으로 예방할 수 있다.

몇 가지 비브리오패혈증 식중독 예방법을 보면 다음과 같다.

비브리오균은 열에 약하므로 오염된 생선이라도 충분히 익혀 먹으면 문제가 되지 않는다. 그리고 한 가지 실용적인 방법으로는 이 균이 바닷물보다 삼투압이 낮은 민물에서 쉽게 죽게 되므로 생선회를 만들기 전에 민물에 수십 분 동안 담가 두었다가 회를 치면 비브리오균에 의한 식중독 문제는 없게 된다. 또 냉동을 하면 균체가 파괴되므로 식중독을 예방할 수 있다.

지역적으로 발생 빈도의 차이를 보면 서해안>남해안>동해안의 순이다. 이유는 여름철 해수 온도가 높은 지역의 해안일수록 발생 빈도가 높기 때문이다.

168
·

환경호르몬 노출에 주의하자

환경호르몬은 1996년 3월 미국에서 출판된 《잃어버린 미래(*Our Stolen Future*)》라는 책에 처음으로 언급되면서 관심의 대상이 되었다.

환경호르몬이란 내분비계 교란물질(endocrine disruptor)로 내분비계에 작용해 정상 발육을 가로막을 뿐 아니라, 수컷의 정자 수를 감소시키고 생식기능에 이상을 초래하는 물질로 알려진 용어로, 인간이 과학을 신으로 믿고 지나친 편의주의에 젖어 살기 때문에 발생하는 인류의 재앙으로 간주되고 있다.

환경호르몬의 피해를 간추려 보면 일반 어패류나 동물에서 수컷이 암컷으로 바뀌거나, 사람에 있어서는 정자수가 크게 감소하거나 수컷의 생식기가 심히 작아져 수정이 불가능해지고 사람과 동물의 수태 능력이 저하되어 불안한 미래의 조짐으로 나타나고 있다.

환경호르몬은 대개 잔류성이 강한 화학물질에 들어 있다. 환경호르몬의 지정에서 미국은 잔류성, 일본은 생식기능에 미치는 영향을 기준으로 각각 70종 가량의 화학물질을 환경호르몬으로 지정해 놓고 있다. 그러나 국제아동기금이 지정한 67종과 일본 국립의약품 식품위생연구소가 지정한 143종 등 모두 210종이 잠정적인 환경호르몬 유발 물질로 알려지고 있다.

현재 선진국에서는 ①변압기 절연유에 포함된 폴리염화비페닐(PCB) ②살충제(DDT) ③합성세제 원료인 알킬페놀 ④플라스틱 원료인 비스페놀A ⑤스티로폼 등 폴리스틸렌 수지의 성분인 스틸렌다이머와 트리머 ⑥쓰레기 소각장의 배출가스에 들어 있는 다이옥신 등을 환경호르몬으로 지정, 규제하고 있고, 그 외에 성인 남녀가 애용하는 각종 호르몬제의 부작용이 주요인이며 꽉 조이는 진바지와 스트레스, 방사선, 흡연 등의 영향도 꼽았다.

환경호르몬은 컵라면의 용기나 음료, 맥주 등의 캔, 플라스틱 컵, 우유팩, 비닐랩 등 일상 생활용품에 많이 들어 있다는 것이 심각한 문제로 지적되고 있다.

이러한 환경호르몬에 대한 노출을 피하려면 환경이 오염되지 않은 깨끗한 곳에서 생활하면서 가급적이면 가공되지 않은 식품을 섭취하고 유해 화학물질로 제조한 용기나 포장지와 접촉이 되지 않게 식품을 보관해서 먹는 것이 바람직하다.

169
•
식중독 처치

　일상생활이나 여행 중 또는 야영 중에 식중독이 발생하는 경우가 있는데 이런 때는 지나친 병원 치료보다는 일반적인 처치 방법으로 해결하는 것이 좋다. 일단 식중독에 걸렸다고 판단되면 후유증을 최소화하도록 노력해야 한다.

　식중독은 원인 물질에 따라 증상이 다른데 일반적인 식중독 처치의 기본 요령은 원인 물질을 가능한 한 빨리 몸 밖으로 배출시키고 탈수에 따른 수분 부족을 보충해 주는 것이다.

　식중독 증세가 나타나면 손가락으로 목을 자극해서 위에 있는 음식물을 토하게 하고 한두 끼 정도 거르되 설사로 인한 탈수 증세를 막기 위해 보리차나 소금물을 자주 마시게 하면 된다.

　이상의 조치를 취하면서 안정을 취하면 보통 2~3일 후면 저절로 낫는데, 열이 올랐다 내렸다 하면서 설사가 하루 이상 계속되면 병원을 찾는 것이 좋다.

　그리고 설사가 난다고 지사제를 먹거나 항생제를 먹는 것은 증상을 악화시킬 뿐 아니라 합병증까지 부를 수 있으므로 피해야 한다.

　대개의 식중독은 합병증 없이 회복될 수 있지만 노약자나 다른 질환을 앓고 있는 환자의 경우는 치명적인 악화를 가져올 수 있기 때문에 주의해야 한다.

동서고금의 농업관

　농업의 중요성은 동서고금을 관통한다. 일찍이 공자는 식(食), 병(兵), 신(信) 셋 중에서 군사보다도 중요한 것이 백성을 배불리 먹이는 식(食)이라 하며 군사력보다 식량 안보를 중요시하였다. 이러한 농경사회의 농업관은 서구의 기독교 사상에서도 잘 나타난다.

　기독교의 교리에 보면 농민은 식량을 생산하는 근면한 사람들로서 '신의 선택을 받은 자(the people chosen by God)'라 되어 있다. 그리고 우리나라에서는 조선시대 때 세종대왕이 '국가는 백성을 근본으로 삼고 백성은 식량을 하늘로 삼는다'는 사상을 통치이념으로 정했다. 또 근대사회에 이르러 프랑스의 경제학자인 미라보는 농업을 상공업의 뿌리라고 했다. 우리나라에서 상공업이 발달하기 시작한 영·정조 때 정약용은 농업을 육성하기 위해서는 신분상의 지위와 낮은 이윤 그리고 힘든 노동을 개선해야 한다고 역설하였다.

　현대사회로 오면서 농업은 선진국형 산업으로 인식되고 있다. FAO(국제연합식량농업기구)는 현대사회에서 선진국이 곡물 등 농산물의 수출을 늘려가고 있는 반면, 개발도상국은 오히려 농산물 수입국으로 전락하는 추세라고 밝히고 있다.

　인도의 네루 수상은 모든 일을 미룰 수 있어도 농업만큼은 절대 미룰 수 없는 일이라 하여 농업 투자의 중요성을 강조하였다. 또 노벨 경제학상을 받은 쿠즈네츠 교수는 후진국이 공업 발전을 통해 중진국까지 도약할 수 있으나 농업 발전 없이는 선진국이 되는 것이 불가능하다고 갈파하였다. 그리고 손문은 '살아가는데 제일 중요한 것은 식량이다. 국가가 식량을 충분히 확보하려면 농민의 권리를 보장하여 농민 스스로 식량을 증산할 수 있

도록 해야 한다'고 했고, 우장춘은 '농산물의 자급자족이 이루어
져야만 우리나라가 진정한 독립국이 될 수 있으며, 자원이 없는
우리나라는 농업의 과학화를 이룩함으로써 비로소 이 민족이 잘
살아갈 수 있다'고 했다.

　필자는 감히 '진정한 식량자급은 대두(大豆, soybean)가 자급
되어야 하고 농민은 태양의 전령인고로 농민이 없이는 넉넉한
밥을 먹을 수 없으며, 식량은 태양과 인간과의 고리이므로 이
고리가 튼튼하냐 못하냐에 따라 건강과 국력이 강하냐 약하냐를
반영하게 된다'고 말하고 싶다.

171

식탁의 국제화는 오래 전에 시작

요즈음 다방면에서 세계화 바람이 불고 있다. 기업체나 교육계, 학계, 의류나 주택, 자동차 분야 등에도 많은 변화가 가속화되고 있다. 우리의 식탁에도 국제화·세계화가 어느 분야보다 빨리 도래했다. 수입된 밀가루로 만든 국수와 빵, 라면, 과자를 소비해 온 것을 보면 1950년대부터 우리의 식탁은 국제화되기 시작한 셈이다.

뿐만 아니라 수입 콩이나 옥수수로 만든 식용유는 물론 치즈, 각종 과일 및 쇠고기 등의 축산물을 수입하여 먹고 있다. 어떻게 보면 우리 국민은 미국 농장에서 재배·생산된 식량에 의존하고 있다고 해도 과언이 아니다.

그 사이 강대국에서 대량 생산되는 밀이나 콩 농사는 거의 포기하다시피 되어 식량 자급도가 30%를 하회하는 식량 종속국으로 전락해 버렸다.

WTO(세계무역기구)의 출범(95. 1. 1)에 따라 우리 것은 수출하고 외국 것은 수입을 억제하는 정책은 끝이나 무한무역 경쟁체제하에 있다. 이렇게 되면 무역경쟁력을 갖추어야 하는데, 농업경쟁력을 유지하려면 어떻게 하면 영양적 질이 우수하고 오염이 적고 자연성이 풍부한 식품을 생산하는가가 관건이다. 그러기 위해서는 오염되지 않은 토양의 확보와 좋은 물의 확보가 선결 조건이 된다.

이러한 조건을 갖춘 나라는 국제경쟁력을 갖춘 농산물 생산국으로서 경쟁력을 유지할 수 있다. 문제는 후진국일수록 인구가 많고 공해 공장이 많아 농업 후진국으로 전락할 수밖에 없다는 것이다.

우리의 땅도 오염된 곳이 차츰 증가되고 있고 국민의 식량을 70% 이상을 외국으로부터 수입하고 있는 실정이다. 현재 모든 분야가 국제화되고 있으나 식량만큼은 우리가 자급하여 국제화가 적게 되었으면 한다. 왜냐하면 식량의 자급 없이는 진정한 독립국가가 아니며 선진국가로의 도약이 불가능하기 때문이다.

172
•

토마토의 기능성

토마토는 과일이면서 채소로서 누구나 좋아하는 후식이다. 간식으로는 물론 샐러드나 주스, 케첩 등의 가공 형태로 먹고 있는 토마토는 남미의 안데스가 원산지이다. 이것이 우리나라에는 16세기 유럽을 거쳐 그 뒤 일본을 통해 약 100년 전에 들어온 작물이다.

토마토는 영양적으로 보면 비타민A와 비타민C가 풍부하고 무기질과 각종 효소가 많아 영양가 있는 채소이다. 약리적 기능으로 볼 때 토마토 속의 비타민A는 간기능을 강화시켜  주고 약간의 신맛을 내는 구연산이나 사과산은 위에서 위벽을 온화하게 자극하여 위액 분비를 촉진함으로서 소화작용에 좋다.

또한 토마토에 들어 있는 리코펜이라는 붉은 색소 성분은 췌장(지라) 기능을 좋게 하는 기능이 있어 인슐린의 분비가 적어 당뇨병으로 고생하는 사람들에게 좋다. 또 토마토 속에는 루틴이라는 성분이 들어 있는데 비타민C와 함께 고혈압을 내려주는 성분 중의 하나로 알려져 고혈압 환자에게도 권할 만한 식품이다. 그리고 뇌기능 증진은 물론 피로와 수면 장애, 두통 저하 등의 기능이 있는 가바(GABA) 성분이 많이 함유되어 있어 공부하는 청소년들에게 매우 좋은 채소이다.

요사이는 사탕만한 크기의 방울토마토를 쉽게 구할 수 있어서 예쁘기도 하고 먹기에도 편리해졌다. 어쨌든 토마토를 후식과 간식으로 꾸준히 먹다 보면 건강과 학력 유지에 많은 도움이 될 것이다.

173

김에도 구충 효과가

김은 맛있는 식품으로 매일 한 장씩만 먹어도 건강에 좋다. 김은 식물섬유 외에 비타민C의 공급원으로서 가치가 있다. 옛날에는 김을 햇빛에 말려 비타민C나 카로틴이 파괴되어 이들 함량이 보잘것없었으나, 요즘에는 햇빛이 없는 조건에서 인공 건조하므로 이들 성분이 보호되어 잔류하게 되었다.

또 예전에는 김이 인분을 주어 기르는 채소를 먹었던 한·일 양국민에게는 회충을 비롯한 기생충의 구충 효과도 있었다. 이러한 구충 기능은 김의 성분 중 카로틴이 들어 있기 때문인데 인공 건조한 김이 자연 건조한 김보다 카로틴 함량이 많아 구충 효과가 좋다.

그 외에 김에는 비타민B$_2$나 각종 미네랄이 함유되어 있으면서 칼로리가 매우 낮은 식품이다. 김은 남녀노소 할 것 없이 호감이 가는 맛을 가지고 있는데 이 감칠맛은 김 속에 구루타믹산이 많이 들어 있기 때문이다.

174

설사 때 해로운 과일

춥게 잘 경우 발생하는 설사는 식중독 세균에 의한 설사가 아니라 바이러스성 설사인 경우가 많다. 이러한 바이러스성 설사의 회복기에는 음식의 선택이 중요하다.

설사 증상을 호전시키는 데는 구연산이 많은 감귤류보다는 펙틴이 많이 든 사과가 좋다. 구연산은 장을 자극하는 정도가 다른 유기산에 비해 강하여 구연산이 많이 함유된 감귤류는 적당치 않다. 이에 반해 펙틴은 바이러스성 설사의 증상 회복에 도움이 된다.

펙틴이 많이 함유된 식품으로는 사과와 당근을 들 수 있다. 그러나 생것으로 먹는 것보다는 열로 가열해 먹는 것이 소화기관의 자극을 감소시켜서 더 효과적이다.

175

떫은 맛이 많은 채소가 항암에 좋은가

근채류는 우엉을 비롯해서 잠깐 공기에 노출되면 곧바로 갈변하는 것이 많다. 이것은 탄닌계 물질이 산화하기 때문이다. 우엉의 경우는 포리페놀(polyphenol)이라는 무색의 물질이 산소에 의해 산화하여 갈색으로 변색된다. 일반적으로 탄닌이 강하여 공기 접촉으로 산화되어 갈변되는 물질을 함유한 식품은 암의 예방력이 있다. 우엉은 항암 효과가 큰데 토란(tare)이나 연뿌리 (lotus root) 등의 근채류 에도 우엉 정도는 아니지 만 암을 억제하는 성분이 상당량 들어 있다.

이러한 암 예방 효과는 탄닌 성분 외에 일반적인 식물성 섬유가 풍부하고 섬유소의 일종인 리그닌 이 공통적으로 들어 있다. 섬유소 성분들은 다같이 장내 유용균인 젖산균의 증식을 촉진해 서 유해물질 생성균의 증식을 억제하여 장내 부패작용으로 생성 되는 유독 물질 생성을 줄여 주고 식품과 같이 들어온 유해 물 질을 흡착해서 쉽게 통변시킴으로써 인체로의 흡수를 막아 준다.

176

공병의 윤회

자원이 부족하여 거의 모든 원자재를 수입에 의존하고 있는 우리로서는 자원의 재활용이 시급하다. 우리들이 손쉽게 마시는 주류나 우유, 드링크제 등 각종 식품들이 유리병에 담겨져 유통 되고 있다. 이들 식품들을 먹고 나면 언제나 부피가 줄지 않는 공병이 남게 마련이다.

이 공병의 재활용은 환경보호와 자원 절약적인 면에서 매우 바람직하다. 그러나 공병의 재사용에 따른 중요한 문제는 공병 의 안전성이 보장되어야 한다는 것이다.

우리의 공병 관리는 어떠한가?

공병은 흔히 담배 재떨이나 페인트 분액 용기로, 석유를 비롯한 각종 용재의 분액 용기로, 그 외에 각종 유독성 물질의 용기로 사용됨은 물론 심지어는 농약의 분액 용기로까지 사용되는 경우도 있다. 이렇게 유독 물질을 담았던 용기가 일반 공병과 같이 수집되어 재사용될 경우에는 위생적으로 문제가 생길 수 있다.

최근 한국소비자보호원에 접수되는 고발 내용으로 음수의 표면에 기름이 뜬 문제와 콜타르가 들어 있거나 껌이나 담배꽁초 등의 문제가 있었다. 이것은 현재 활용되고 있는 세척 방법과 조건에서는 완벽하게 오염물을 제거하기가 불가능하다는 것을 반영하는 것이다.

다시 말하면 오염된 물질이 공병에 고착되어 일반 세척 방법으로 제거되지 않을 수 있다고 가정해 볼 때 오염 상태는 시각적으로 확인이 어려워 유해 물질이 부착된 공병을 골라내는 데는 속수무책이라는 것이다.

따라서 관리가 잘못되어 오염된 공병이 완전하게 세척이 이루어지지 않고 재사용될 경우 용기에 담겨진 식품이 본인은 물론 가족과 이웃에게 돌아갈 수 있기 때문에, 공병을 비위생적으로 다루는 행위는 결국 자기 자신을 해치는 과(果)를 얻게 되므로 인과응보의 진리를 깨달을 필요가 있다. 따라서 공병은 국민 모두의 위생적인 안전성 확보 차원에서 위생적으로 관리되어야 한다는 공감대 형성이 이루어져야 하고 이를 실천하도록 범국민적인 운동이 필요하다.

177
•

몇 가지 잘못된 식생활 상식

우리 생활에서 식생활에 대한 지식처럼 보수적인 것도 없는 듯하다. 그것은 식생활이 건강과 직결된다는 생각 때문일 것이다. 그러나 우리 주변을 보면 잘못된 식생활 상식을 가진 사람들이 의외로 많다. 더욱이 연구자들은 연구 결과의 좋은 면만을 부각시켰으며, 또 연구비를 지원해 준 스폰서들은 자기들의 사업에 유리하게 결과를 발표하기도 했다. 또한 돌팔이 말쟁이들이 속설이나 자기의 인기를 위해 늘어놓는 강연 따위로 식생활 상식이 잘못 전해진 것들이 많다. 몇 가지만 소개해 보면 다음과 같다.

· 쇠고기가 돼지고기보다 성인병에 나쁘다.
· 과일은 당뇨병 환자에게 나쁘다.
· 새우나 달걀은 혈관계 질환에 나쁘다.
· 보리밥이 성인병을 예방하고 치료해 준다.
· 밀가루 음식이 키를 크게 한다.
· 알루미늄 화합물은 무해하다.
· 톡 쏘는 홍어가 좋다.
· 플라스틱 도마가 나무 도마보다 위생적이다.
· 닭고기가 쇠고기보다 혈관계 질환에 나쁘다.
· 동물성 식품은 식물성 식품에 비해 건강에 나쁘다.

이에 대해 필자는 노(no)라고 말하고 싶다.

178
•
좋은 콜레스테롤과 나쁜 콜레스테롤

콜레스테롤은 마치 혈중에만 들어 있는 것으로 알고 있으나 사람의 몸에 들어 있는 콜레스테롤 총량의 7%만이 혈액 중에 있고 나머지 93%는 각 기관의 세포 속에 있다. 콜레스테롤은 지방은 아니지만 비누처럼 미끈미끈한 고체 알코올로 물에 녹지 않아 혈액 중에 들어오기 위해서는 지단백과 결합되어야 하는데 지단백에는 저밀도 지단백(LDL)과 고밀도 지단백(HDL)이 있다.

이것들은 콜레스테롤이 아니라 피 속을 흘러다니기 위해서 결합된 단백질의 일종이다. 그런데 콜레스테롤이 LDL이나 HDL과 결합된 형태인 LDL-콜레스테롤이 HDL-콜레스테롤보다 많을수록 콜레스테롤 상태가 나쁘고, 반대로 HDL-콜레스테롤이 LDL-콜레스테롤보다 많을 때 좋은 콜레스테롤 수준이라고 한다.

일반적으로 콜레스테롤 함량이 문제가 되는 것이 아니라 LDL-콜레스테롤 함량이 높을 때 문제가 된다. 콜레스테롤 총량은 보통 200mg/dℓ 안팎이고 LDL/HDL의 수치가 3.0보다 낮으면 좋은 콜레스테롤 상태이다.

179

혈중 콜레스테롤은 음식에 크게 영향받지 않는다

어떤 사람들은 콜레스테롤을 건강의 적이라 생각할 정도로 식사 때마다 예민하게 신경을 쓰기도 한다. 그래서 쇠고기나 달걀, 새우 등 동물성 식품을 무조건 회피하려고 하는 사람들이 많다.

그러나 혈액 중의 콜레스테롤 함량에 미치는 영향은 우리 인체 내에서 생산되는 양에 의해서 좌우될 뿐 음식으로 영향을 받게 되는 비중은 약 20% 전후밖에 되지 않는다고 한다.

한 예로 미국의 80세 된 한 노인이 하루에 달걀 25개씩 30년간을 먹었는데 놀랍게도 혈중 콜레스테롤 수치가 정상치였다고 한다. 사실 달걀 25개는 보통 사람이 음식으로부터 섭취하는 콜레스테롤 양의 약 70배에 달하는 양이다.

이런 예로 볼 때 혈중 콜레스테롤은 음식에 의한 영향보다 몸에서 생성되는 양이 문제가 된다는 것을 반영하는 경우이다. 콜레스테롤은 몸에서 생성되는데 주로 간에서 생산되고 나머지는 내장 및 피부 등에서 만들어진다. 결국 생리적인 특성에 따라 몸에서의 콜레스테롤 생산이 적절하게 생성되는 것이 중요하다.

180

아침 일찍 물 한 컵을 마시자

인체의 구성 성분 중에 제일 많은 것이 물이다. 인체에서 물은 다양한 기능을 하면서 매우 중요한 역할을 한다. 그렇기 때문에 일정 수준의 수분 유지를 위해서 적당히 수분 섭취를 하는 것이 건강과 컨디션 유지에 도움이 된다.

결론부터 말하면 물을 자주 마시는 것이 좋은데, 특히 아침에 잠에서 깨어났을 때 물 한 컵을 마시는 것이 건강에 매우 좋다. 이유는 간밤에 몸에서 땀과 오줌으로 많은 양의 수분이 배출되어 하루 중 인체의 수분 수준이 가장 낮은 시간이 아침 잠에서 깬 때이기 때문이다. 이 시간은 혈액의 수분량이 적어 혈액의 점도가 증가되어 혈액의 흐름이 나빠지고 혈전이 생길 가능성이 높다. 그 결과 심근경색이나 뇌경색이 올 위험도가 높아진다.

통계에 의하면 심근경색이나 뇌경색은 새벽 4시에서 오전 10시 사이에 집중적으로 일어난다. 때문에 아침에 일어나 마시는 한 컵의 물은 인체의 수분 수준을 정상으로 해 주어 혈액의 점도가 정상으로 되어 혈류를 돕고 뇌경색이나 심근경색을 예방하는 데 효과가 있다. 새벽녘에도 물을 한 컵 정도 마시고 자면 진정작용을 하기 때문에 잠을 방해하지 않고 일어났을 때 몸이 가벼운 느낌을 받게 된다.

여러 가지 점에서 볼 때 적당한 물 한 컵은 기분전환과 공부에도 많은 도움이 된다.

181

식사 중에 홍차를 마시는 게 좋지 않은 이유

우리 식문화에서 차를 음용하는 비중이 차츰 커지고 있다. 그러나 차를 잘못 마시면 손해를 보는 수가 있다. 특히 철분이 적은 식생활을 할 경우에는 더욱 그렇다.

이유는 홍차를 비롯한 커피나 녹차 중에는 공통적으로 타닌(tanin)이 함유되어 식사와 함께 마시면 차 중의 타닌과 음식 중의 철분이 결합해서 철분 흡수가 잘 안 되는 화합물을 형성하기 때문이다.

이것에 반해 오렌지 주스를 식사와 함께 마시면 철분 흡수에 매우 좋다. 오렌지 주스에는 구연산과 비타민C(아스코르브산)와 같은 산류가 함유되어 산미가 강한데, 이들 성분이 음식 중의 철분을 용해해서 흡수하기 좋게 하고 또한 비타민C는 철분이 산화해서 흡수되기 어렵게 되는 것을 막아 주는 기능이 있기 때문이다. 따라서 타닌이 함유된 차는 식사와 같이 마시는 것보다는 식사 후에 마시는 것이 좋다. 특히 여성은 생리 때 철분 배출이 많아 철분이 결핍되기 쉬우므로 이런 점을 유념할 필요가 있다.

달걀에 대한 오해

　달걀은 우유와 함께 완전식품이라고 할 정도로 5대 영양소가 균형을 이루고 있는 식품이다.

　완전식품이란 영양상 여러 가지 영양소가 풍부하고 균형이 잡혀 인간이 살아가는 데 이것만을 먹고도 살 수 있는 식품을 말한다.

　달걀의 구조를 보면 외부에 난각이 있고 내부에는 흰자가 있으며 흰자 안에는 노른자가 들어 있다.

　흰자에는 단백질만 들어 있고 노른자에는 중성지방과 레시틴, 무기질, 비타민, 콜레스테롤 등 여러 가지 유용한 성분이 함유되어 있다. 따라서 계란은 값이 싸고 조리 적성이나 기호성이 좋아 많이 소비되고 있으며, 각종 빵이나 과자류의 부재료 및 마요네즈, 초란(醋卵) 등의 원료가 되는 등 식생활에서 유용하게 쓰이고 있다.

　달걀 성분상 특징이자 장점으로는 동식물성 단백질을 섭취할 경우에 많은 지방의 섭취가 불가피한데, 달걀의 흰자에는 지방이 들어 있지 않아 노른자를 제거하고 흰자만 먹으면 지방을 섭취하지 않고 단백질을 섭취하는 데 적격이라는 것이다.

　더구나 달걀에는 콜레스테롤이 100g 중 450mg 정도 들어 있으나 달걀 흰자에는 콜레스테롤이 들어 있지 않아 노른자를 제거하고 흰자만 먹으면 동물성 식품 중에 무(無)콜레스테롤의 단백질 식품으로서 매우 가치가 있다.

따라서 계란 성분과 특성을 잘 알고 먹으면 계란은 비할 데 없이 값이 싸고 무(無)지방, 무(無)콜레스테롤의 자연식품이 될 수 있다. 또 어디서나 쉽게 구입해서 먹을 수 있는 식품이고 부피로 볼 때 과일보다 저렴한 셈이다.

달걀 단백질의 질이 우유 단백질보다 좋다는 것이 영양학자들의 정설이고 보면 달걀은 경제적인 단백질원이다.

또한 달걀 노른자에는 콜레스테롤이 많이 들어 있는 것을 제외하고는 뇌의 기능에 좋다는 콜레스테롤을 체내에서 녹여내는 기능이 있는 레시틴이 많이 들어 있고, 철분도 많이 들어 있는 등 영양적으로 장점이 많아 콜레스테롤 섭취를 의식적으로 피해야 하는 사람을 제외하고는 하루에 한두 개씩 먹는 것이 건강에 상당히 도움이 된다.

최근에는 달걀 노른자를 적당히 먹으면 늙어서 실명할 위험이 줄어든다는 연구 결과도 있다. 이러한 결과는 달걀 노른자에는 시력 보호 물질인 루테인과 지악산신이라는 물질이 많이 들어 있기 때문이다. 이 성분은 녹색 야채에 많은 것으로 믿어 왔으나 달걀 노른자에는 야채보다 여섯 배나 많다고 한다.

이렇듯 식품은 잘 알고 보면 달걀처럼 부위에 따라서 성분의 분포가 다르고 양면성이 있는 경우가 많다.

183

감자는 간식으로 좋아

식생활에서 감자는 좀 천대시당한 식품이다. 그러나 건강식품으로서 품격이 충분할 뿐 아니라 저장성도 비교적 긴 편이고 조리성도 좋고 단위 면적당 수확량도 많아 주부식으로 좋은 열매 채소이다.

감자를 주식으로 하는 대표적인 나라로는 독일을 들 수 있다.
또 영국인도 마찬가지로 감자를 많이 먹는다.

감자는 일차적으로 에너지원으로 가치가 있는 식품이며 비타
민C의 함량이 곡류보다 많아 채소를 먹는 효과가 있다. 그래서
영국인들은 비타민C 필요량의 20~30%를 감자로부터 섭취할 정
도이다. 감자에 들어 있는 비타민C는 다른 과채류의 비타민C와
는 달리 전분과 결합되어 있어서 조리 중에 파괴가 덜 되어 이
용효율이 높은 장점이 있다.

칼륨(K)이 많이 함유된 감자를 먹게 되면 혈액 중에 있는 나
트륨(Na)의 배설을 촉진해 줌으로써 혈압을 낮게 하는 효능이
있다. 그래서 감자는 고혈압 환자를 비롯한 성인병 예방 치료에
도 도움이 되는 식품이다.

또한 나트륨(Na)이 수분과 함께 배설되므로 세포 속의 수분을
줄어들게 하여 체중 감소에도 도움이 된다. 그런데 감자는 잘
보관해야지 햇빛을 받게 되면 곧 표면이 녹색화되어 질기고 아
린 맛이 나고 유독물질인 솔라닌(solanine)이 생겨 질이 떨어지
게 된다.

이런 예는 우리가 먹고 있는 식품의 질이 구입 당시와 영양이
나 위생면에서 보관이나 조리 조건과 방법의 여하에 따라 먹기
직전의 질이 전혀 다르게 되는 것을 알게 하는 좋은 예이다.
(122항 참고)

184

일반 식품 중에도 유해 성분 많지만

인간이 먹고 살아가는 식품은 그의 근원이 생물체들이다. 그러
나 우리의 식품으로 이용되고 있는 여러 가지 식품 중에는 각종
유해물질이 들어 있게 마련이다. 왜냐하면 식물체들이 수만 년

동안 대를 이어 종(種)을 유지할 수 있었던 것은 자연으로부터의 수많은 미생물과 병해충의 공격을 물리치고 각종 물리적인 상처를 치료할 수 있는 물질들을 자가 생산해서 쓸 수 있는 능력이 있기 때문이다. 문제는 식물체 중에는 해충이나 미생물의 공격을 물리치는 데 유용한 각종 물질들이 들어 있기 마련인데 이들 성분들이 사람에게 유독한 것들이 많다는 것이다.

물론 인류는 독이 될 수도 있는 여러 가지 성분들이 함유된 식품들을 오랫동안 이용함으로써 인체에 유독 성분을 해독할 수 있는 생리적 기능이 생겨 현대인에게는 이 독성분들을 무리없이 해독할  수 있는 능력이 생긴 경우도 있다.

옛날 우리 조상들은 수많은 식물체를 식용으로 이용하면서 자연독으로 생명을 잃거나 고생하는 과정을 거치면서 유독 성분이 들어 있는 식물과 무독한 식물을 구별하여 자연독에 의한 위험으로부터 피해를 줄일 수 있는 식생활을 추구해 왔다. 그래서 독버섯을 구별하고 복어 독을 제거하는 요령도 알게 되어 과거보다 자연독에 의한 피해는 줄어들었다.

문제는 최근 어느 식품이 어느 질병이나 정력에 좋다 하면 갑자기 과량 복용하여 부작용으로 고생하거나 생명을 잃는 사례도 있다. 실제로 어느 식품이 좋다 하여 한꺼번에 많이 먹게 되면 적은 양의 독성 물질이라도 인체가 발휘할 수 있는 해독 능력을 넘게 되고 몸에 축적되어 부작용이 생길 수 있다.

이러한 문제는 편식이 나쁘다는 것을 말해 준다.

185
·

전자파의 노출에 신경 쓰자

우리 인류에 공통적인 유해인자로는 중금속이나 농약, 미생물 및 자연독 등을 들 수 있다. 또 TV와 전기 담요, 히팅패드, 컴퓨터, 핸드폰, 전자렌지, 전화기 등 전기로 작동되는 문명의 이기에 의해서 문화생활이 지속되는 한 전자파라는 유해 인자를 피할 수 없게 되었다. 이것을 테크노공해라고도 한다.

전자파는 눈에 보이지 않고 인식이 불가능하여 전자파에 오래 노출된 후에야 질병으로 나타나거나 확인되기 때문에 질병의 원인으로 단정하기가 어렵다.

전자파에 의한 유해성 유무에 대한 논란은 지금도 계속되고 있으나, 전기로 사용되는 제품 생산업체는 가능한 한 피해 정도가 약하다든지 발생되지만 건강에 유해한 수준은 아니다라든지 자기 제품 판매에 지장이 없다는 식으로 주장하고 있다.

그러나 유전자에 변이를 일으키는 방사선만은 못하지만 우리의 일상생활에서 전자파 노출이 몸의 컨디션에 나쁜 영향을 주고, 시력에 지장을 주며, 백혈병이나 신경계의 혼란, 나아가 인간이 가지고 있는 소중하고 섬세한 자가치유 시스템의 생물학적 메커니즘에 혼란을 일으킬 만한 작용력이 있기 때문에 나이가 들어 퇴행성 질병에 걸릴 가능성이 매우 크다.

따라서 이러한 피해를 줄이기 위해서는 앞서 말한 전자파 발생체와 거리를 멀리하는 것이 상책이다.

한 가지 흥미로운 연구 보고를 소개하면, 녹차가 유해 전자파를 차단하는 효과가 있는 것으로 밝혀져 주목을 받고 있다. 차를 마시는 것은 안정된 정서와 친교를 위해서, 또 스트레스 해소와 수분 공급 등에 좋으나 녹차가 테크노공해를 예방하는 데 좋다니 녹차를 상음하는 것도 좋을 것 같다. 그러나 녹차가 누구에게나 좋은 것은 아니며 좋다 하여 많이 마시는 것 또한 바람직하지 않다.

186

유해 요소가 많은 우리의 식생활 환경

21세기를 목전에 둔 우리의 생활환경이 크게 변화하고 있다. 음식, 공기, 물 등은 인간 생활에 절대 없어서는 안되는 요소이지만 오염되고 인위적으로 조작되어 우리들의 건강이 위험에 직면해 있다.

최근 급증하고 있는 중·고등학생들의 살상사건을 '현대형 영양실조'의 결과로 지적하는 영양학자도 적지 않다.

환경이나 식생활의 변화가 우리들의 신체와 정신의 건강을 위협하는 생활에 큰 영향을 미치고 있지만, 식(食)의 변화는 특히 현대인의 건강에 커다란 문제를 던지고 있다.

최근 일본 후생성을 위시하여 여러 연구소의 발표에 의하면, 최근 20년 동안에 많은 야채에 미네랄 성분이 격감하고 있다는 것이다. 옛날에 비하면 5분의 1~10분의 1로 저하되고 있어 야채의 영양 공급원으로서의 가치가 자꾸 떨어지고 있다.

식품의 냉동 처리도 문제이다. 냉동된 식품은 인간의 건강 유지에 필수인 미네랄이나 비타민 등 자연스런 영양소의 태반이 손실되기 쉽다. 이러한 식품을 계속 먹으면 차츰 기운이 없게 되고 지구력과 근력, 순발력 등이 저하하며, 노화도 빠르고 면역력도 떨어져 성인병에 걸리기 쉽다.

또 환경 중에 축적된 다이옥신, PCB 등의 화학물질에 의해서 생물호르몬이 크게 혼란이 일어난다는 문제도 지적되고 있다. 자연계에서는 동물의 수컷이 암컷으로 바뀌고 인간에서도 성인 남자의 정자가 줄고 있다는 보고가 있다. 또한 방부제, 산화방지 제 등의 식품첨가물 중에는 발암성 물질이 다수 보고되고 있다.

최근 우리는 전염병과 영양실조로부터는 해방되었으나 산업의 발달과 인위적 조작에 의한 건강 위해 요소에 많이 위협받고 살 아가야 하는 처지에 있다.

의학의 아버지 히포크라테스는 '병은 인간 자신이 가지고 있는 자연력으로 치료할 수 있다. 의사는 이것을 도와줄 뿐이다'라는 불멸의 진리를 가르쳐 주었다.

실제 의료 현장에서 각종 질병에 대한 화학약품에 의한 대중 치료법은 거의 효과가 없고 약제의 부작용이 더 문제가 되는 게 현실이다.

이제 우리들의 건강을 지키고 치료하는 것은 자연계의 혜택 밖에 없다. 그러기 위해서는 천연의 비타민과 미네랄, 효소 등이 풍부한 진녹색의 야채를 꾸준히 먹고 잘못된 식생활을 개선하여 생체 시스템의 균형(balance)을 유지하는 노력이 중요하다.

187

콜레스테롤에 대한 오해

21세기를 앞두고 건강에 관심이 있는 사람들에게 가장 잘 알려진 용어는 콜레스테롤(cholesterol)이 아닌가 한다. 왜냐하면 이것이 동맥경화와 고혈압, 중풍, 심장마비, 당뇨병 등 성인에게 치명적인 질병을 일으킬 가능성이 있기 때문이다. 그런데 이것이 잘 알려져 있는 반면 오해된 부분도 많다.

우선 콜레스테롤을 부정적으로 보고 섭취해서는 안되는 성분으로 보는 데 문제가 있다. 그러나 콜레스테롤은 건강 유지에 필수성분임을 알아야 한다. 콜레스테롤의 기능을 보면, ①콜레스테롤은 성(性)호르몬의 원료이기 때문에 부족하면 성기능과 생식기능이 약화된다. ②뇌의 성장과 기능에 관련되어 있어서 부족시에 사고 기능이 나빠진다. ③세포의 성장과 보수에 중요한 물질로 특히 유아기에 필수 성분이다. ④몸 전체의 순환계에서 혈중 지방 운반체 기능을 가지고 있다. ⑤비타민D의 원료가 되며 만약 콜레스테롤이 부족하면 비타민D의 결핍이 일어나고 햇빛에 의한 피부암이나 피부병에 걸리기 쉽다. ⑥담즙의 주성분이다. ⑦적혈구를 보호하기 때문에 부족시에 담즙이 부족하여 지방의 소화 흡수가 약화되고 비타민 A, D, E, K 등의 흡수가 안 된다.

이와 같은 기능으로 볼 때 콜레스테롤은 건강을 유지하는 데 필수 성분임이 자명하다. 혈중 콜레스테롤 수준은 $180 \sim 200mg/d\ell$가 적당하고 이보다 많거나 적거나 할 때 문제가 생길 수 있다.

과거에는 혈중 콜레스테롤을 총함량으로 나타냈으나 HDL-콜레스테롤(좋은 콜레스테롤)과 LDL-콜레스테롤(악성 콜레스테롤)로 분리해서 측정하며, 총 콜레스테롤 함량이 많아도 고밀도 콜레스테롤이 많으면 문제가 되지 않는다고 본다.

이전까지 문어나 새우, 오징어 등에 콜레스테롤이 많다 하여 성인병을 조심하는 많은 사람들은 이들 식품을 먹지 않느라고 스트레스를 받거나 기피식품으로 여겨 왔으나, 다행히 이들 식품 중에 들어 있는 것은 콜레스테롤 유사 물질로 밝혀져 마음 놓고 먹어도 된다.

침은 우리 몸의 제1차 검역 기능

옛날부터 음식은 천천히 먹는 것이 좋다고 들어 왔다. 사실 천천히 먹는 습관은 여러 가지 면에서 권장하고 싶다.

결론부터 말하자면 소화가 잘 되고 식중독에 대한 노출이 적으며 비만을 예방하고 여유 있는 습관을 기르는 데 좋기 때문이다. 음식을 천천히 먹으면 우선 음식물을 잘게 만들어 침과 소화 효소와의 접촉 면적이 커져 소화에 유리하게 된다.

참고적으로 성인이 분비하는 침의 분비량은 하루에 배설되는 오줌의 양(1.5~2리터)에 버금가는 1.5리터나 된다고 한다. 그런데 침의 분비량은 긴장되거나 분노하거나 스트레스를 받거나 흥분하거나 나이가 들거나 질병에 걸리면 적게 분비된다. 또한 분위기 여하에 따라 다르며 편안하고 즐거운 식사를 하게 되면 침이 많이 분비되어 건강에 도움이 된다.

그리고 입은 사람의 몸으로 음식물이 들어오는 관문으로 입 안에서 침과 섞인 후에 목을 거쳐 위로 들어가는데, 이때 침에 의해서 음식 속에 섞인 독성물질이 해독되고 유해한 미생물이 입 안에서 1차적으로 살균된다. 따라서 오래 깨물어 음식에 침 이 충분히 섞이도록 하는 것이 식중독 예방에도 좋다.

침에는 곰팡이 균의 일종인 아플라톡신B_1과 음식 과열시에 생 성되는 벤조피렌과 같은 발암 물질을 비활성화시키고, 과산화물 을 분해시켜 무독화하는 퍼옥시다제와 비타민C가 음식물 중의 독소 제거에 작용한다. 그 외에도 침에는 10가지 이상의 효소와 비타민이 들어 있고 그 밖에 호르몬도 들어 있다.

따라서 침은 우리 몸의 검역소요 제1차 방역 기관인 셈이다.

189

기온이 낮은 지방의 농산물이 좋은 이유

농산물의 성분은 기후나 토질에 크게 영향을 받는다. 일반적으 로 재배 기온이 낮으면 높은 온도에서 기를 때보다 병충해가 적 어 농약의 사용량도 적어지므로 자연성이 풍부하다.

포화지방산(실온에서 굳는 기름)의 함량은 고온 재배 작물이나 고온 사육시 많아 같은 육류라도 쇠고기보다는 돼지고기를 선택 하는 것이 좋고, 열대 지방의 식육이나 식용 기름보다는 온대 지방이나 한대 지방산 식육이나 식용유를 선택하는 것이 포화지 방산이 적어서 좋다. 그리고 육상동물의 고기보다는 시원한 물 속에서 자란 생선이 유리하다. 또한 농약 잔류량도 위도가 낮을

수록 낮아 좋다. 그 이유는 기온이 낮은 지역은 병충해 발생이 적어 농약 사용 횟수나 양이 적기 때문이다.

또 어류에서도 남쪽으로 갈수록 독을 가진 어류가 많고 수온이 낮은 북양에서 사는 어류에는 독이 없다고 한다. 이것은 아마도 추운 수중에는 질병을 일으키는 균이 없어 독을 지닐 필요가 없다고 해석할 수 있다. 따라서 더운 지방에서보다는 시원한 지역에서 생산된 농산물을 선택하는 것이 좋다.

이처럼 모든 생물체의 구성 성분은 그것이 자란 환경, 즉 토양이나 기후, 재배 관리 및 품종 등의 여하에 따라 차이가 있게 마련이다.

190

오래 살기 위해서는

술과 담배를 좋아하는 사람들 중에는 담배를 피우지 못하게 할 때 임시적인 방편의 말로 '굵고 짧게 살지' 하는 이들이 있다. 그러나 실제 그렇게 살고자 하는 사람보다는 건강하고 오래 살기를 바란다.

오늘날 우리의 수명이 많이 길어지긴 했으나 각종 질병으로 죽기 전에 수십 가지의 약을 밥먹듯이 하면서 투병으로 고생하는 사람들이 많다. 사실 모든 사람이 이렇게 질병으로 고생을 하면서 오래 살기를 바라진 않는다.

우리의 건강은 기업운영에서 경영 여하에 따라서 기업의 흥망이 있듯이 관리하기에 따라 충분히 달라질 수 있다.

건강하고 오래 살기 위해서는 우선 바람직한 식생활을 하고, 공기 좋고 물 맑은 자연환경에서 지내며, 안정된 사회에서 살며, 술과 담배, 환각제 등 각종 중독성 물질을 피하고, 늘 긍정적이고 남을 사랑하고 돕고 감사하는 마음으로 사는 것이다. 이러한 생활이 습관화될 때 학교생활은 물론 인생을 보다 활력 있게 살수 있다.

건강은 미각과 함수관계

인간이 다양한 미각을 가지게 된 것은 생의 재미를 더해 주는 중요한 요체이다. 즉 음식이 단지 영양가로서의 가치뿐 아니라 즐거움을 느끼게 하는 의미도 있다는 것이다.

맛의 종류에는 단맛과 짠맛, 신맛, 쓴맛의 기본 4미에 매운맛을 더해 5미가 있다. 어떻게 보면 사람은 하루하루 4미를 감각하면서 행복을 느끼려고 생활하는지도 모른다.

만족스런 미각을 즐기기 위한 노력은 개인뿐만이 아니다. 15세기와 16세기에 유럽 각국이 국가간에 향료의 쟁취와 향료 산지 장악을 위해 전쟁까지 했던 것을 보면 충분히 알 수 있다. 그리고 유럽인들이 향미 물질을 찾으러 나갔다가 발견한 것이 신대륙이 아니었던가.

맛을 느끼게 되는 과정은 매우 복잡하다. 맛은 혀에 있는 수많은 돌기, 즉 유두 안에 미각과 관련된 미뢰에 의해 맛 물질이 접촉되어 느껴지게 된다. 대개 한 개의 미뢰 중에는 100개 정도의 미각 세포가 있다. 미뢰의 수는 개인에 따라 다르며 적게는 500개, 많으면 1만 개까지 있다. 일반적으로 미뢰 수가 많으면 맛을 강하게 느끼고 적은 사람은 약하게 느낀다.

미각의 정도는 나이와도 관련이 있다. 대개 45세 이후부터는 미뢰의 수가 줄어들기 때문에 미각이 둔해진다. 나이가 들수록 미각이 둔해진다는 사실은 성경의 한 구절에서도 찾아볼 수 있다. 다윗왕의 연로한 친구 바로실래가 '내 나이 팔십세라 어떻게 음식의 맛을 알 수 있사오리까'(사무엘 하 19 : 35) 했다.

또 미각의 정도는 나이 외에도 머리의 부상, 알레르기, 감기 등 각종 질병이나 의약품 복용, 독성 화학약품에 노출될 때, 긴장, 수면 부족, 스트레스 등에 의해서도 떨어지게 된다. 한편 미각은 자주 경험해 볼수록 호감도가 증가하는 경향이 있기 때문에, 편식 습관을 예방하기 위해서는 어린 시절부터 여러 가지 맛에 호감을 가지도록 다양한 음식을 먹을 필요가 있다.

따라서 즐겁고 맛있는 식사를 통해서 스트레스를 풀기 위해서는 식사 분위기를 좋게 하고 규칙적인 생활과 편안한 마음관리가 필요하다. 긴장, 수면 부족, 질투, 미움 등은 입의 침을 마르게 하여 음식의 맛을 제대로 느낄 수 없다.

맛난 느낌은 생의 즐거움이요 건강의 바탕이다. 다양한 맛감각을 유지하여 행복한 생활을 영위하도록 노력하는 것은 생에서 매우 의미 있는 일이다.

타우린이 많이 든 식품은 뇌 발달에 좋아

타우린(taurine)은 단백질을 구성하는 아미노산은 아니지만 황이 함유된 아미노산의 유사물질로 질소를 함유하고 있는 자연 물질이다.

타우린은 사람의 중요 장기인 심장과 뇌, 간에 다량 들어 있는 것으로 보아 장기의 기능 발휘에 중요한 영향을 주는 성분으로 볼 수 있다.

알려진 바는 타우린은 고혈압과 동맥경화, 뇌졸중에 상관관계가 있는 혈중의 저밀도(低密度) 지단백질의 농도를 낮게 하는 반면 고밀도 지단백 콜레스테롤의 함량을 높여 주는 기능이 있어서, 혈류 계통의 질병 예방과 치료에 좋은 물질이라고 한다. 뿐만 아니라 뇌기능 발달에도 좋은 것으로 알려져 있다. 그래서 요즈음은 생리적 기능성 물질인 DHA나 EPA 외에 타우린도 차츰 인식이 넓어지고 있다.

내
타우린

고양이는 다른 동물은 다 제쳐 두고 유독 쥐를 좋아한다. 그것은 쥐가 작아 사냥하기에 만만해서가 아니라 고양이는 타우린을 자체 내에서 합성하지 못하기 때문에 필요한 타우린을 먹이로부터 섭취해야 되는데, 쥐는 자체 내에서 타우린을 합성함으로써 많이 함유하고 있기 때문이라고 한다.

사람의 경우에도 자체 합성 능력이 없는 신생아에게는 타우린의 공급이 필수적이다. 다행히 모유에는 타우린이 듬뿍 들어 있어 유아에게 초유를 먹이는 것이 좋다.

초유에는 신생아의 뇌 발육 신경세포 형성에 필수적이며 면역 기능을 부여해 주는 면역 단백질도 들어 있다. 때문에 유아용 분유를 제아무리 잘 만든다 해도 모유만큼은 못하다는 것이 의사들의 의견이다.

타우린이 많이 들어 있는 식품으로는 오징어와 문어를 들 수 있는데, 이 성분이 바로 오징어나 문어의 독특한 맛을 느끼게 한다.

193
•

채식주의자들이 주의해야 할 영양소

채식은 불교에서 살생을 하지 않기 위해 권장되고 있는 식사 형태이다. 채식을 하면 체중이 줄어들고 혈관계 질환의 예방 치료 효과도 있기 때문에 그 효과를 기대하면서 육식은 아예 피하고 채식만 하는 사람들이 더러 있다.

사실 1970년대 이전에 우리의 식생활 패턴은 채식에 불과했었고, 그 양마저 충분치 못하여 늘 만성적인 영양부족 상태였다고 할 수 있다. 그런데 요즈음은 '고기를 덜 먹어야지' 하는 소리를 흔히 듣게 되고 철저히 채식만을 고집하는 사람들이 늘고 있는데, 이러한 경향은 학생층에서도 예외는 아니다.

그러나 채식만으로 살아가기에는 문제가 있다. 그것은 식물성 식품 중에는 사람이 건강하게 살아가는 데 꼭 섭취해야 할 영양소가 들어 있지 않거나 극히 작게 들어 있어서 영양상의 불균형을 초래할 수 있다는 것이다. 그 중 가장 문제가 되는 것은 단백질과 비타민B12이다. 특히 아직 성장하지 않은 유아기 때부터의 채식은 더욱 문제가 된다. 비타민B12를 보충할 수 있는 식품으로는 달걀과 우유가 있다.

채식의 형태는 크게 세 가지로 나눌 수 있다. 첫번째는 철저한 채식주의자로 과일이나 곡류, 야채만을 먹는 완전 채식주의자(vegan)이고, 두번째는 과일, 곡류 및 야채에 달걀을 곁들이면서 채식하는 채식주의자(ovo-vegeterian)가 있으며, 세번째는 과일이나 곡류 및 야채에 우유를 곁들이는 채식주의자(lacto-vegetarian)가 있다.

채식을 하더라도 우유나 달걀을 곁들일 경우에는 비타민B12의 결핍 문제가 없으나, 장기간 채식만을 고집하게 되면 채식에 의한 후유증이 생길 수 있다. 또한 성장 단계에 있는 이들에게 채식만을 강요하면 정상적인 성장이 이루어지기 어려우므로 함부로 어린이에게 채식을 권유하는 것은 바람직하지 못한 일이다. (197항 참고)

194
•

태아적 식습관이 무덤까지 간다

우리 몸에서는 어떤 음식물이 소화관에 들어올 때만 소화 효소가 분비되는 경우가 많다. 고기를 먹으면 단백질을 분해하는 펩신이, 우유를 먹으면 젖당을 소화하는 레닌과 락타아제가 분비된다. 그래서 먹어 본 음식에 대해서는 비교적 호감도도 높고 소화도 잘 된다. 그러므로 어렸을 때부터 자주 먹어 본 음식을 커서도 좋아하게 된다.

예를 들어, 어려서 떡을 자주 먹어 본 사람은 커서는 물론 노년기에도 떡을 좋아하게 된다. 그리고 자손은 사후 제삿상에도 생전에 좋아하셨던 떡을 놓게 마련이다. 여기에서 '어릴적 식습관은 제삿상까지 간다'는 말이 생겼을 것이다.

어릴적 식습관은 부모의 식습관에 크게 영향받게 되므로 부모의 올바른 식습관 선행이 중요하며, 식습관 형성은 가정교육에 있어서 중요한 항목이라 할 수 있다.

대개 어린이들은 자신이 먹어 보지 못한 음식물에 대해서는 거부감을 느끼며 거칠고 맵고 짠 것을 싫어하는 반면에, 달고 부드럽고 깨물지 않고 먹을 수 있거나 담백한 먹거리를 좋아하게 된다.

따라서 어릴적에 한번 몸에 배어 버린 식습관은 고치기 어렵기 때문에 올바른 식습관 형성을 위해서 각별한 주의가 필요하다. 그러므로 가정에서는 가능하면 어린이들이 선호하는 식품을 거칠고 질기고 매콤한 음식으로 다소의 변화를 주어 적응력이 생기도록 하여 성장기에 바른 식습관이 형성될 수 있도록 해야 한다.

그러나 대부분의 부모들은 매운 음식을 먹고 우는 어린이를 애처롭게 생각해서 아예 매운맛을 배제한 식생활을 하게 하는 경우가 많은데, 이러한 과보호적 식생활 교육은 한국인다운 성품을 가지게 하는 데 거리가 먼 식생활 교육이라 할 수 있다. 이런 식으로 양육된 어린이는 세상살이에서도 어려운 일에 부딪치면 피하려고만 하는 소극적인 사람이 될 가능성이 있다. 그러므로 식습관은 가정교육상 중요한 실천 항목이어야 한다.

195
•
유전자 조작 식품은 안전한가

인간은 우수한 조작 본능을 가지고 있다. 그래서 그 조작 기술이 발전에 발전을 거듭하는 동안 신의 섭리로 알고 있던 유전자까지 조작할 수 있는 수준에 이르렀다.

그 결과 우리가 먹고 있는 작물을 마음대로 조작해서 병충해에 강하며 수확량이 많고 특수 성분이 많이 함유되게 하는 등 다양한 시도를 하고 있다. 이미 옥수수와 대두, 사탕무, 유채, 토마토 등의 유전자 조작 식물에 의해서 생산된 식품(OGM=변형유전자 식품)이 유통되고 있다.

이런 결과에 대한 위생적·환경적 위해 여부에 대한 평가는 현재 진행 중이다. 양적인 풍요를 추구하는 상업적 농업에 주도되는 식량생산 환경에서 우리 청소년들도 예외가 될 수 없기 때문에 참고가 될 만한 유전자 조작 식품에 대한 최근의 주장들을 소개해 본다.

현 유전공학 기법으로 유전자를 조작한 식품을 놓고 팔려는 미국과 세계 각국의 민간 단체들 사이에서는 팽팽한 줄다리기가 벌어지고 있다. 미국은 농산물 시장 개방 명목으로 각국에 유전자 조작된 옥수수 수입을 강요하고 있고, '그린피스'를 비롯한 민간환경단체와 소비자단체들은 이 옥수수가 인체나 환경에 중대한 위해를 끼칠지도 모른다며 수입을 결사 반대하고 있다.

우선 긍정적인 논리는 경작 농민들의 이익을 편들고 있다. 옥수수의 경우 박테리아 유전자 조작을 한 Bt종은 스스로 살충 물질을 분비하여, 수확을 10% 이상 삭감하는 애벌레에 잘 견뎌낸다. 그러므로 당연히 살충제의 비용과 노동력을 절약할 수 있고, 유전자 변형을 통해 전분을 더 많이 함유한 옥수수와 지방분을 많이 포함하는 유채, 비타민을 강화한 채소 등을 생산할 수도 있다.

반면 민간단체들은 유전자 조작을 한 옥수수에서는 베타-락타아제라는 효소가 분비된다고 주장하고 있다. 이 효소는 페니실린계 항생제인 암피실린을 파괴하며, 가축이 유전자 조작된 이 옥수수를 먹을 경우 이 유전자가 장에 서식하는 박테리아로 옮아가 결국 항생제에 강한 내성을 나타내게 될 것으로 우려되고 있다. 유전자 조작 식품들은 곤충들의 접근을 스스로 거부함으로써 꽃가루 수분에 문제가 있고, 농약에 강한 작물의 꽃가루가 잡초와 교잡되어 농약에 내성이 강한 잡초가 생기면 생태계에서 우점 잡초가 생겨 이는 장기적으로 생태계에 중대한 영향을 미칠 것이라는 지적도 있다.

일부 전문가들은 '만약 정부가 OGM을 허용한다면 그것은 무책임한 행동이 될 것'이라고 경고하고 있다. 실제 알레르기 위험 등 소비자 건강에도 문제가 있다는 보고가 나오는 등 부정적인 주장도 만만치 않은 실정이다.

그러나 필자가 강조하고 싶은 것은 인구 증가에 따른 식량부족의 문제 해결, 상업적 농업생산을, 그리고 세계 곡물시장을 지배하는 나라도 대부분이 강대국이어서, 즉 말사스의 예언이 빗나가게 하기 위해서는 유전자 조작 기법을 응용한 신품종 개발과 이용이 더욱 활발할 것으로 전망한다.

196

소금 섭취에 너무 신경쓸 것 없다

소금은 식생활에서 빼놓을 수 없는 중요한 조미료이다. 지금까지 인류는 소금을 식사의 맛을 돕기 위해 다른 재료와 혼합해서 사용함으로써 식생활을 보다 즐겁게 할 수 있었다고 한다.

그러나 1954년 미국의 디아르 박사에 의해서 고혈압과 소금 섭취량과의 관계가 명백히 밝혀진 이래, 고혈압 예방의 첫째 수칙이 소금을 적게 먹어야 한다는 게 지금까지의 의학이나 건강 상식이다.

그래서 어떤 경우는 소금을 전혀 사용하지 말라는 극단적인 주장까지 하는 사람도 있다. 또 어떤 사람들은 소금은 침묵의 살인자라고 주장하기도 한다.

그러나 1970년대에 들어서면서 미국의 마이클 올더먼 박사(미국 혈압학회 회장)는 염분 섭취가 고혈압에 미치는 영향은 거의 없으므로 현재 미국인들이 하루 12g 섭취하는 소금 섭취량을 6g이하로 낮추어야 된다는 권고는 쓸데없는 말이라고 했다. 더욱이 일본의 후지다 교수(일본 동경의학부)는 일본인의 하루 평균 소금 섭취량 8~15g은 고혈압 발생에 아무런 지장이 없다고 했다. 또 호시 교수(일본 현립대)는 하루 3g 이상, 6g 이하 감염식을 해도 혈압이 내려가는 사람은 없다고 했고 무염식으로 인한 스트레스만 가중될 뿐이라고 했다.

물론 사람에 따라서 소금량에 예민한 사람도 있지만 보통 사람들은 소금을 어지간히 먹어도 문제가 없다.

실험적으로 보면 물에 소금량을 증가시키면 삼투압이 상승하게 되고 혈중 소금 농도가 증가하면 혈압도 상승하는 것은 당연하다. 그러나 우리 인체는 시험관과는 달리 소금을 적게 먹으면 적게, 많이 먹으면 많이 배설되어 혈액 중의 소금 함량 수준이 일정하게 유지되도록 하는 조절작용이 있다.

그래서 평소보다 갑자기 지나치게 싱겁게 식사를 한다든지 맹물을 빈 속에 많이 먹는다든지 하면 맛없는 식사에 의한 스트레스 및 염분 부족으로 빈혈을 일으킬 가능성이 있고 무력증이 생길 수도 있다.

더욱이 활동량이 많은 청소년이나 운동하는 사람, 그리고 노동자는 소금 부족이 일어나지 않도록 일정량의 소금 섭취에 신경을 써야 한다.

더욱이 한국 사람은 맛이 간간한 김치나 된장국, 젓갈류를 주부식으로 오랫동안 먹어 온 민족이어서 콩팥에 문제가 없는 한 우리들이 평상적으로 섭취하고 있는 소금 섭취량에 신경쓸 필요가 없다. 따라서 우리의 정상적인 생리작용은 맛좋게 간을 맞추어 먹는 것이 심리적인 안정감과 활력에 좋다.(120항 참고)

채식에서 결핍되기 쉬운 영양소

　채식은 장수와 비만 예방, 고혈압, 관상동맥질환 예방 등에 효과가 있으나 다음과 같은 영양 결핍이 일어나기 쉽기 때문에 특히 성장기 청소년들은 유의해야 한다.

　사람은 동물성 식품과 식물성 식품을 균형 있게 섭취해야만이 완전 영양 섭취가 가능하다. 그러므로 만일 식물성 식품만으로 식사를 계속하게 되면 영양 부족이 일어날 수 있다. 가장 문제가 되는 것은 식물성 식품에는 우유나 동물의 간, 달걀을 비롯한 우유가공품에 풍부하게 들어 있는 비타민B_{12}가 들어 있지 않기 때문이다. 비타민B_{12}가 결핍되면 각종 신경장애 증상과 악성 빈혈이 발생할 수 있다.

　두번째 문제는 식물성 식품만으로 식사를 하면 철분이 결핍되어 철결핍성 빈혈에 걸리게 된다. 또 철분과 단백질이 부족되어 성장에 필요한 골격이나 치아 발달 및 각종 기관의 발달에 지장을 초래한다. 특히 성장기 어린이에게 채식만을 지속적으로 먹이는 것은 정상적인 성장을 불가능하게 할 수 있고, 이 어린이는 나중에 골다공증에 걸리기 쉽다.

　그러므로 함부로 채식을 신봉하는 것은 건강에 나쁜 영향을 줄 수 있기 때문에 우리 민족이 즐겨 먹던 밥과 반찬에 생선이나 고기를 비롯한 동물성 식품을 적당히 곁들이는 식사가 최고의 보식이다.

　실제로 우리의 전통 식사에 생선은 한두 토막 정도, 고기는 대

여섯 점 정도, 우유는 한두 컵, 달걀은 한두 개 정도 곁들이는 것이 영양소 균형상 좋은 식사이다. 동시에 조리 방법으로는 서구식의 고온과 기름 조리보다 삶고 찌는 우리의 전통 조리법으로 된 것을 먹으면 비만과 혈관계 질환도 예방하면서 영양결핍도 방지할 수 있다.

따라서 무엇을 많이 먹느냐가 문제가 아니라 어떻게 균형 잡힌 식사를 하느냐가 학습능력을 유지하고, 나아가 건강 100세를 영위하기 위한 열쇠가 됨을 명심하자.(193항 참고)

198

청소년들을 현혹시키는 건강보조식품

청소년기에는 여러 면에서 감수성이 예민한 때이다. 시중에서 머리가 좋아지는 식품(약)이나 잠을 쫓는 식품(약), 살이 빠지는 식품(약), 여드름이 치료되는 식품(약), 시력을 좋게 하는 식품(약) 등 청소년들의 귀를 솔깃하게 하는 다양한 건강보조식품들에 관한 광고를 쉽게 접할 수 있는 환경에 처해 있으며, 대개의 청소년들은 이들 식품을 한번쯤 복용해 보았으면 하는 충동을 느끼게 된다.

물론 건강보조식품이 다 그런 것은 아니지만 미덥지 못한 것들이 많은 현실에서 잘못 판단하여 불량 건강보조식품을 선택하게 되면 되려 해를 입는 수가 있다.

여러 가지 보도 내용을 종합해 보면, 과거보다 많이 나아지긴 했지만 아직도 건강보조식품에 대한 과장성이나 허위성이 많다.

건강보조식품의 일반적인 문제는 값이 비싼 반면 부작용이 일어날 수 있다는 것이다.

이러한 피해 사례는 청소년 자신의 잘못된 선택에 의한 것도 있지만, 부모님의 판단이 바르지 못해서 발생하는 경우가 대부분이다.

이러한 위험에 노출되지 않으려면 ·청소년이나 보호자들이 건강식품에 관심을 가지는 대신 균형 있는 식사를 적당량, 규칙적으로 하는 습관이 필요하다. 또한 이것이 최상의 건강생활이라는 신념과 실천이 뒤따라야 할 것이다.

199
•

적당한 운동을 규칙적으로

사람들은 산소 부족과 근육 약화, 스트레스가 그날의 컨디션과 학습능력에 얼마나 나쁜 영향을 미치는가를 익히 알고 있다. 그러면서도 그 해결 노력이 매우 소극적인 셈이다.

그러면 이러한 여러 가지 문제를 한 가지로 풀 수 있는 방법은 무엇일까? 그것은 바로 적당한 운동을 규칙적으로 하는 것이다. 그런데 운동을 전혀 하지 않다가 어느 날 갑자기 과도하게 되면 모처럼 등산을 갔다와서 온몸이 아픈 것같이 고통을 느끼게 된다. 그것은 안 쓰던 근육을 갑자기 써서 근육이 새로 생기는 데 따른 아픔이다.

그러나 아무리 힘든 운동이라도 일주일만 적당히 하게 되면 운동의 참맛을 알게 된다. 문제는 한 번에 무리하게 하거나 겨우 2~3일 하다가 그만두기 때문이다. 중요한 것은 운동 횟수와 강도, 총량에 대한 계획을 세워 점차 늘려 나가는 것이다.

모든 일은 스탭바이스탭(step by step)으로 해야 한다. 그러면 돌도 뚫을 수 있게 된다. 한 발짝 한 발짝이 결국 에베레스트 산의 정상을 정복하게 하는 것처럼 말이다.

덧붙이자면 꼭 운동기구를 사서 운동하는 것만이 운동이 되는 것은 아니다. 의자만 가지고도 몇 가지 운동을 할 수 있고 시골에서 가져온 몽둥이 하나만 있어도 된다. 맨몸으로도 스트레칭 정도는 다양하게 할 수 있다. 자기 체형과 생활공간에 적합한 운동기구와 방법을 생각해 보자.

200
•

1996년도 사망 원인별 사망자

청소년은 우리 사회의 미래의 주역이다. 그러므로 청소년들의 미래지향적인 건강관리는 매우 중요하다.

참고적으로 1997년도 WHO 건강보고서에서 1996년 1년 동안 10대 사망 질병 비율을 보면, 심장병(7.2)>암(6.3)>뇌, 혈관질환(4.6)>급성호흡기(3.9)>간염(3.0)>만성폐질환(2.9)>설사, 이질(2.5)>말라리아, 에이즈(1.6)>B형 간염(1.2)의 순으로 1996년도 한 해 사망자 중 1,350만 명이 심장마비와 암으로 사망했다.(여기서 ( )안의 숫자 단위는 백만)

따라서 우리가 건강하게 오래 살기 위해서는 심장병과 암을 예방하는 노력이 필요하다. 이 질병의 주된 원인이 바로 식생활이라고 볼 때, 우리는 이들 질병의 직접적인 원인과 질병 예방에 도움이 되는 식품들을 선택해서 꾸준히 섭취하는 끈기가 필요하다. 암 예방에 좋은 식품은 이 책 101항을 참고하길 바란다.

201
·

두부는 뼈째 먹는 고기와 같아

메주콩은 밭의 쇠고기이며 콩은 미니달걀이라 할 정도로 영양이 우수하여, 필자는 대두를 인류의 만년 식품이라고 부르곤 한다.

콩 속에는 양질의 단백질과 지질뿐 아니라 정장작용에 도움이 되는 올리고당과 유해물질 제거에 좋은 섬유질이 많다. 특히 요즘은 폐경 이후 여성호르몬인 에스트로겐이 부족하여 발생하기 쉬운 여성들의 유방암과 골다공증을 예방하여 주는 식물성 에스트로겐(isoflavon)이 다량 함유되어 있어서 대두(大豆:메주콩)는 건강식품으로 각광을 받고 있다.

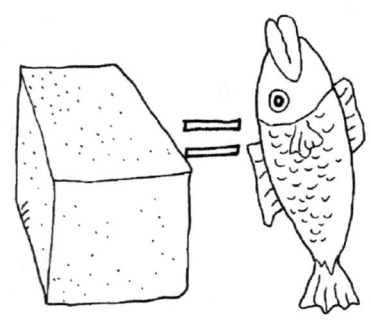

두부 한 모(약 400g)에는 아이소플라본이 약 92mg 정도 들어 있는데 그 양은 대두 약 50알에 함유된 양이다. 그래서 하루에 대두 50여 개만 먹어도 유방암과 골다공증을 예방하는 데 도움이 된다는 것이 미 일리노이 주립대학 식품과학과 에드만 교수의 주장이다.

우리 민족은 다양하고 과학성이 내재된 전통식품을 많이 창출해 냈다. 즉 대두를 원료로 한 된장과 간장, 두부, 콩강정 등이

다. 이들 콩제품은 콩의 성분에 의한 일차적인 장점을 생각할
수 있고, 더욱이 중요한 것은 동물성 식품이 모자라 칼슘 섭취
가 부족하던 시절에 두부는 뼈나 치아 구성, 근육 생성에 필요
한 칼슘 공급체로서의 역할이 컸다.

　두부에 칼슘이 많은 이유는 두부 제조 과정에서 응고제로 칼
슘(염화칼슘, 염화마그네슘)을 쓰기 때문이다. 그러므로 두부를 먹
는 것은 식품을 뼈째 먹는 셈이 된다. 또한 콜레스테롤이 없는
단백질과 함께 불포화지방산, 칼슘, 식물성 에스트로겐을 동시에
섭취할 수 있어서 현대인의 건강 식생활에서 매우 가치 있는 전
통식품이다. 그러나 최근에 칼슘 응고제 대신 산(구로코노 델타락
톤:GDL)을 사용하는 두부도 유통되고 있어 두부의 이미지가 떨
어지고 있다.

202

건배의 또 다른 의미

　만찬이나 술 좌석에서는 의례적으로 건배가 뒤따른다. 건배의
뜻을 사전에서 찾아보면 '건강이나 행복 따위를 빌기 위해 술잔
을 들어 마심'이라고 정의되어 있다.

　그러나 '건배' 혹은 '위하여'라고 말한 뒤에 옆사람과 또는 대
표자들끼리 서로 술잔을 부딪히는 과정이 있다. 이 쨍하고 마주
치는 관례는 과거 전쟁 중에 아군과 적군의 대표들이 휴전이나
협상을 위한 연회석에서 생긴 풍습이라고 한다.

　연회석에서 음식을 대접받은 측에서는 자기 술잔 속에 독약이
들어 있을지 모른다는 의심 때문에 마시자니 걱정스럽고 안 마
시자니 예의가 아니라는 생각으로 갈등이 생길 것이고, 또 초청
을 한 측에서도 어떤 방법으로든 상대편에게 안심을 시켜야 하

는 고민거리였기 때문에 이런 문제를 자연스럽게 해결하는 방법
이 술잔을 마주치게 한 목적이라고 한다. 즉 서로 술잔을 부딪
히는 순간에 자기의 술이 상대방의 술잔에 넘어가도록 하여 자
기의 술이 섞인 술을 초청자 쪽의 대표가 먼저 마시면 초청받은
자는 마음놓고 마실 수 있는 방법이 되고, 초청자도 자기가 연
회를 준비한 내용이 위생적으로 안전하다는 것을 확인시키는 방
법으로 풀이된다.

이러한 지혜는 험악한 세상을 살아가면서, 특히 외국 여행을
할 때 믿을 수 없는 안내원들로부터 음료수나 술을 제공받을 때
불순한 정도를 확인하는 방법으로도 활용할 만한 방법이다.

· 후기

이 책을 읽은 청소년들에게

청소년들은 가정과 사회의 희망이요 꽃이며 씨족과 인류사의 지속을 가능케 하는 고리입니다. 여러분들은 아마 공부에 어려움을 느낄 때도 있겠고 생활에 불편을 느낄 때도 많을 것입니다.

하지만 분명한 것은 청소년 여러분들이 오늘을 어떻게 보내느냐에 따라 우리의 가정과 사회와 국가의 미래가 다르게 전개된다는 것입니다.

그렇기 때문에 청소년 여러분들은 발전적이고 행복한 미래를 위해서 어떤 경우라도 부모로부터 물려받은 몸을 소중히 여기고 건강을 유지하여 부모에게 건강 문제로 걱정을 끼치지 않도록 노력해야 합니다. 나아가 사회에 좋은 일을 할 수 있도록 능력을 배양하는 것도 중요합니다.

그러기 위해서는 소정의 교육을 최선을 다해 마치는 것이 부모에겐 효를 실천하는 것이요 여러분 자신들의 직분을 다하는 것입니다.

여러분은 오늘 이 시간까지 여러 사람들로부터 헤아릴 수 없이 많은 도움을 받으면서 살아왔다는 것을 잊어서는 안됩니다. 때문에 여러분도 성인이 되면 후대를 위해서 무엇인가 좋은 일을 많이 해야 된다는 사명감으로 노력해 주기를 부탁합니다.

여러분들이 사회로부터 받은 도움은 후대에게 갚아야 할 빚입니다. 여러분은 오늘의 교육과 경험을 통해서 얻은 지식과 기술을 가지고 사회에 봉사하게 될 것입니다.

공부할 분야는 너무도 많습니다. 어떻든 적성에 맞는 목표를 세워 학교생활을 충실하게 한다면 부모와 사회에 믿음과 안정을 주는 모범생이 되고 그것이 바로 가정과 국가 발전의 기초가 됩니다.

이러한 사회적인 사명감을 실천하기 위해서는 무엇보다도 몸과 마음을 건강하게 유지하는 데 필요한 건강의 인(因)을 계속해서 심는 실천이 중요합니다.

실천 없는 지식은 죽은 지식입니다. 건강의 인을 심는 데도 실사구시적(實事求是的) 노력이 필요합니다.

아무쪼록 이 책을 통해 청소년 여러분들의 몸과 마음이 조금이나마 튼튼해졌으면 합니다.

IQ, EQ를 높이는 먹거리
- 202가지 식생활
·

초판 인쇄/1999년 7월 10일
초판 발행/1999년 7월 15일

지은 이 · 김중만
본문 컷 · 김행용

펴낸 이 · 임종대/펴낸곳 · 미래문화사
등록 번호 · 제3-44호/등록 일자 · 1976년 10월 19일
ⓒ1999, 미래문화사

주소 · 서울시 용산구 효창동 5-421 ㉾140-120
전화/715-4507, 713-6647
팩시밀리/713-4805

값 7,500원

ISBN 89-7299-176-7 03570